国家科学技术学术著作出版基金资助出版

碳排放和减碳的社会经济代价研究丛书

碳中和与碳通量及其气候效应研究

丹 利　　冯锦明　彭　静　邓慧平　王永立　　等　著
田　静　符传博　祁　威　杨富强

科学出版社

北　京

内 容 简 介

全书详细介绍了非均匀二氧化碳及其对全球和区域气候与碳水循环变化影响的最新成果。共六章,前两章为基于观测和卫星遥感数据的客观事实分析,给出了全球和区域尺度二氧化碳非均匀动态分布的时空特征;第3章是在含碳循环的地球系统模式中引入时空非均匀二氧化碳动态分布并开展其气候效应的数值模拟;第4章是非均匀二氧化碳分布对地表升温进程的影响以及气候敏感度的影响研究;第5章为地表碳通量的变化与响应机理研究;第6章是基于流域尺度考虑地形的碳循环与水循环耦合的地表碳水通量模拟与应用。

本书可供从事全球气候环境变化诊断分析模拟、生态环境保护,以及从事碳水循环研究的科技工作者和相关专业院校师生参考。

审图号:GS 京(2024)0534 号

图书在版编目(CIP)数据

碳中和与碳通量及其气候效应研究/丹利等著. —北京:科学出版社,
2024.10
(碳排放和减碳的社会经济代价研究丛书)
ISBN 978-7-03-077954-0

Ⅰ. ①碳… Ⅱ. ①丹… Ⅲ. ①二氧化碳–排气–影响–气候变化
Ⅳ. ①X151 ②P467

中国国家版本馆 CIP 数据核字(2024)第 031623 号

责任编辑:杨帅英 / 责任校对:郝甜甜
责任印制:赵 博 / 封面设计:图阅社

科学出版社 出版
北京东黄城根北街 16 号
邮政编码:100717
http://www.sciencep.com
涿州市般润文化传播有限公司印刷
科学出版社发行 各地新华书店经销
*
2024 年 10 月第 一 版 开本:787×1092 1/16
2025 年 1 月第二次印刷 印张:10 3/4
字数:255 000
定价:158.00 元
(如有印装质量问题,我社负责调换)

丛 书 序

"十四五"时期，我国生态文明建设进入了以降碳为重点战略方向、推动减污降碳协同增效、促进经济社会发展全面绿色转型、实现生态环境质量改善由量变到质变的关键时期。应对气候变化与生态环境保护协同政策研究，碳排放与减碳的社会经济影响及代价评估等科学议题日益受到学术界和决策部门关注。在我国首批国家重点研发计划"全球变化及应对"重点专项支持下，"碳排放和减碳的社会经济代价研究丛书"得以结集出版。该丛书介绍基于全球大气 CO_2 浓度非均匀动态分布的客观事实研发的气候变化经济影响评价的理论方法和技术体系，评估碳排放和减碳对社会经济系统的影响与代价。该丛书的出版为践行"碳达峰、碳中和"、减缓气候变化并实现经济社会可持续转型、提升我国在应对气候变化领域的国际话语权和应对气候变化外交谈判提供科学判据。

"碳排放和减碳的社会经济代价研究丛书"具体探讨全球 CO_2 非均匀动态分布与全球地表升温过程的关系，全新构建气候变化经济影响评估技术体系并开展了综合应用研究，综合评价全球 CO_2 非均匀动态分布状况下主要国家碳排放空间变化及影响，预测分析温控 1.5℃和 2℃阈值情景下我国碳排放和减碳的社会经济代价及影响。该丛书图文并茂，详细介绍项目组构建的长时间序列全球 CO_2 非均匀动态分布浓度数据，系统展示项目组研发并估算的模式变量与模型参数，示例体现项目组设计并封装的气候变化经济影响及社会代价评估的技术方法，为全球变化及其应对研究提供具有较高时空分辨率的参考信息及模型与模式工具。

当前，全球气候变化深层次影响日益凸显，碳排放和减碳的社会经济代价研究方兴未艾，相信该丛书的出版能为广大读者了解碳排放和减碳影响社会经济发展的机理、认识气候变化应对的意义、共同践行"碳中和"提供决策参考。

葛全胜

2021 年 8 月

序

　　工业革命以来，人类活动通过化石燃料燃烧和土地利用等方式向大气排放了大量的二氧化碳和其他温室气体，其温室效应使得全球气候变暖，引起了地球环境和生态系统在百年尺度发生了超过自然变率的变化。科学界对此展开了大量的地表到高空的观测及数值模拟研究，其中含有碳循环的海陆气耦合模式是一个模拟地球系统各圈层相互作用过程与开展未来预估强有力的工具。联合国政府间气候变化专门委员会（Intergovernmental Panel on Climate Change，IPCC）发布的第一次评估报告到最新的第六次报告均展现了二氧化碳浓度上升的模拟预估结果，这些结果考虑了未来气候和社会发展不同路径的情景，为研究和评估自然变率和人类活动对全球气候环境的影响做出了重大贡献。迄今为止，科学界主流观点一致认为，工业革命以来的全球变暖在很大程度上是受人类活动影响而导致的，具有极高可信度。但是，IPCC 历次报告采用的耦合模式主要使用的是全球均匀浓度的二氧化碳来驱动气候系统模式或地球系统模式进行模拟和预估，即在耦合模式中全球所有格点都使用同样的逐年二氧化碳年平均浓度值，这样可以简单方便考虑全球平均二氧化碳的辐射强迫作用。但是，近年来的卫星和地面等观测结果显示二氧化碳在全球分布是非均匀的，在不同区域呈现不同的浓度分布，并且由于植被光合作用引起了季节波动，北半球的季节变化信号强于南半球。如何把这种非均匀的二氧化碳时空信息引入到海陆气耦合模式中，研究非均匀二氧化碳的分布及其气候效应，是一个全新的领域。

　　丹利等人在国家重点研发计划课题和国家自然科学基金碳中和专项项目支持下收集整理了全球二氧化碳的多个卫星资料，通过与其他观测资料和模式输出结果融合形成了一套长时间序列的二氧化碳非均匀动态分布资料，并利用含有碳循环的海陆气耦合模式研究了非均匀二氧化碳加入后引起的全球和区域气候环境效应，以及二氧化碳非均匀状态下与陆地生态系统有关的地表碳通量等因素的变化。这是一项具有十分明显创新意义的工作，在温室气体对全球气候和生态系统影响的研究领域起到引领和促进作用，并为我国碳中和目标下碳循环及其气候效应的研究提供有力的科学支撑。

符淙斌

2023 年 9 月

前　　言

二氧化碳（CO₂）是影响全球气候变化最重要的温室气体之一，大气 CO_2 浓度的变化备受科学界和社会公众关注。由于全球经济快速发展和人口的迅速增加，大量的化石燃料被使用，致使大气中 CO_2 浓度自工业革命以来急剧上升，全球大气 CO_2 浓度从工业革命前的 275ppm[①] 上升到了 2020 年的 413ppm，进而对全球气候环境、生态系统、经济领域等各个方面造成了显著影响。为减缓大气 CO_2 浓度的持续升高带来的影响，国际社会积极行动，1997 年签定了《〈联合国气候变化框架公约〉京都议定书》，2016 年签署了《巴黎协定》，世界各国都制定了国家级的温室气体减排计划协议和气候变化战略。在实现 CO_2 减排的道路上，大气 CO_2 浓度的时空变化是评估人为排放减排控制效果的重要基础。

根据近年来的卫星观测结果，全球 CO_2 浓度有明显的非均匀空间分布特征，分析全球和典型区域大气 CO_2 浓度的季节变化、年际变化趋势和动态分布的非均匀特性，在包含碳循环过程的全球海陆气耦合模式中引入非均匀 CO_2 浓度变化的影响，开展长期积分试验模拟研究非均匀 CO_2 引起的全球和区域气候效应，研究碳循环与气候变化的响应机理，揭示碳通量的时空变化特征，可以为面向碳中和的地气传输与碳通量的气候效应研究提供科学借鉴与参考数据。

本书共六章，前两章为全球二氧化碳分布特征的观测分析，着重回顾了全球典型区域的二氧化碳非均匀时空分布特征及其气候效应；第 3 章是基于地球系统模式的非均匀二氧化碳数值模拟，分析较长时间尺度下二氧化碳的非均匀变化对气候系统的影响格局；第 4 章主要探讨非均匀二氧化碳分布对地表升温的响应，研究全球增暖过程中二氧化碳时空分布的敏感性；第 5 章分析讨论全球不同区域地–气水热通量的交换受二氧化碳非均匀变化的影响；在此基础上，第 6 章以长江上下游的梭磨河和青弋江流域为代表，模拟分析不同气候变化情景下的植被演替和碳水通量影响与应用。全书主要总结了著者近年来在非均匀大气二氧化碳对气候变化影响方面的最新研究成果，尤其是对生态系统碳水循环等过程的影响与反馈的有关工作。

全书各章作者如下：第 1 章非均匀大气二氧化碳对气候影响的研究进展由丹利、符传博、杨富强主笔；第 2 章全球与典型区域非均匀大气二氧化碳浓度及人为碳排放由田静、祁威主笔；第 3 章非均匀二氧化碳的气候效应模拟由冯锦明、王永立主笔；第 4 章非均匀二氧化碳对地表升温进程的影响与敏感度由冯锦明、王永立主笔；第 5 章非均匀二氧化碳时空分布对地气碳通量交换的影响由彭静、丹利、杨富强主笔；第 6 章地表碳水通量的响应与反馈模拟研究由邓慧平、丹利主笔。

[①] 1 ppm=10⁻⁶，全书同.

感谢国家重点研发计划项目课题"全球 CO_2 非均匀动态分布与地表温度时空关系研究"（2016YFA0602501）和国家自然科学基金"面向国家碳中和的重大基础科学问题与对策"专项项目（42141017）对本书研究内容及出版的资助。著者衷心期望本书的出版能够为碳中和背景下陆气相互作用与生态系统碳氮循环的研究起到一些推动和促进作用，由于时间仓促并限于我们的水平，疏漏之处在所难免，敬请有关专家学者批评指正。

丹　利

2023 年 4 月于中国科学院大气物理研究所

目　　录

第1章　非均匀大气二氧化碳对气候影响的研究进展

1.1　引　　言

工业革命以来人类活动排放的温室气体引起了全球变暖,显著影响了全球和区域的气候与生态环境,为实现可持续发展,推动构建人类命运共同体。双碳目标的实现对我国区域碳循环与气候的互馈过程及碳汇潜力的精确估算提出了迫切要求,也彰显了 CO_2 为代表的温室气体对地表升温进程的影响与敏感度研究的重要性。

CO_2 是空气中常见的长寿命温室气体,由于全球经济的快速发展和人口的迅速增加,大量的化石燃料被使用,致使大气中 CO_2 浓度自工业革命以来急剧上升,全球大气 CO_2 浓度从工业革命前的 275ppm 上升到了 2020 年的 413ppm（WMO Greenhouse Gas Bulletin,2021）,进而对全球气候、生态系统、经济领域等各个方面造成了很大影响（World Meteorological Organization,2007;Butz et al.,2011;IPCC,2021）。根据政府间气候变化专门委员会（IPCC）第五次和第六次评估报告可知,温室气体浓度增加,导致 20 世纪 50 年代以来出现了一系列问题,如海平面上升、积雪和冰量减少、大气和海洋变暖、气候系统变暖等,这也引起了国际上政府部门和科学界的广泛关注（丁一汇等,2006;IPCC,2014;IPCC,2021）。

CO_2 的检测方式有多种多样,如卫星遥感、地基测量、飞机航测、船舶航测、高塔观测等,其中地基联网检测和卫星遥感是研究区域到全球尺度有关科学问题最为重要的检测方式之一,这也为研究全球 CO_2 的浓度变化、区域分布和源汇机制等提供了重要的数据基础。地基测量的 CO_2 浓度数据精度较高,时间尺度较长,而且常用于检验卫星反演数据的准确性,比较常见的有世界温室气体数据中心（World Data Centre for Greenhouse Gases,WDCGG）和全球柱总量观察网络（Total Carbon Column Observing Network,TCCON）等。然而地基测量都是单点观测,空间覆盖率较低,特别是在海洋、沙漠和高山等人口稀少、交通不便等地区,观测仪器的安装和维护成本较高,导致区域分布十分不均匀,无法获得大范围实时观测的 CO_2 数据。因此发展高灵敏度和高光谱分辨率的 CO_2 卫星遥感探测技术,实现对全球大气 CO_2 浓度的高精度探测,是评估未来全球变暖趋势的一个重要技术支撑（Fan et al.,1998;张兴赢等,2007）。

利用卫星遥感方法来探测大气 CO_2 浓度,相比于地基观测有很大的优势,如不受高山、冰川、沙漠和恶劣条件的影响,能提供较长时间、较大空间、高分辨率的三维大气成分数据（刘诚等,2013;马鹏飞等,2015）。近年来,卫星遥感数据越来越受到国内外学者的青睐,并广泛利用到温室气体浓度变化的研究中（茹菲等,2013）。Bai 等（2010）使用大气红外探测仪（the atmospheric infrared sounder,AIRS）卫星资料深入分析了中国地区 CO_2 浓度的时空分布和季节变化,发现其有逐年增长态势和明显的季节变化。Zeng

等（2013）和邓安健等（2020）利用温室气体观测卫星（greenhouse gases observing satellite，GOSAT）反演的大气 CO_2 浓度数据，分析中国区域的时空分布和季节变化，也得到类似的研究结果。

本书作者收集整理地面 CO_2 观测资料、国际上常用的 CO_2 卫星资料（包括 AIRS 产品、SCIAMACHY 产品、GOSAT 产品和 OCO2 产品），在此基础上加入历史和未来的第六次国际耦合模式比较计划（Coupled Model Intercomparison Project Phase6，CMIP6）的纬向 CO_2 驱动场，经过整理融合成为一套百年尺度的全球 1 度的 CO_2 非均匀浓度资料集。最后将该资料集引入了含碳循环过程的全球海陆气模式，开展了长期积分试验，研究了全球和区域的碳循环与碳通量的时空变化，设计数值试验模拟了非均匀 CO_2 引起的气候效应，为面向碳中和的地气传输与碳通量的气候效用提供了科学借鉴与数据参考。

为了给出一个总体的框架和研究思路，首先利用 AIRS 卫星与代表性地基和 CO_2 排放资料，结合碳通量与气候资料给出全球和区域的变化特征。对 AIRS 多年对流层中层（位于大气层 500 hPa 高度左右，约 5500 m）CO_2 浓度产品进行了误差检验，同时结合 CO_2 排放资料、中分辨率成像光谱仪（moderate-resolution imaging spectroradiometer，MODIS）、卫星反演的净初级生产力（net primary production，NPP），美国国家环境预报中心（National Centers for Environmental Prediction，NCEP）再分析资料的风场资料，以及我国降水量观测资料，分析了全球和中国区域对流层中层 CO_2 浓度的年际变化趋势、季节变化和区域分布的非均匀特征。研究结果对开展对流层中层 CO_2 分布及变化特征、对分析全球及区域 CO_2 输送、全球碳循环，以及人类活动影响大气 CO_2 浓度分布等均有重要意义，也为后面章节研究 CO_2 非均匀分布与地表升温进程的关系提供了研究思路、基础数据和客观对照。

1.2　数据来源介绍

本章所用到的对流层中层 CO_2 浓度数据下载自美国宇航局（NASA）网站。2002 年 5 月，NASA 的 AQUA 卫星成功发射，运行在太阳同步的近极地轨道，并承担了观测全球水和能量循环、气候变化趋势，以及气候系统对温室气体增加的响应等科学目的（姚志刚等，2015）。大气红外垂直遥感器 AIRS 搭载在 AQUA 卫星上，拥有 2378 个探测通道，测量 8.8～15.5μm，6.2～8.2μm 和 3.75～4.58μm 这三个波段的射出辐射，反演出全球范围内逐日的 CO_2 浓度，其中还包括陆地、海洋和极地等地区的 CO_2 浓度（Chahine et al.，2008）。AIRS CO_2 产品反演的方法主要为偏导数归零法（vanishing partial derivative，VPD）（Chahine et al.，2005），CO_2 产品在星下点的空间分辨率为 90km×90km，空间覆盖范围为 90°N～60°S。其三级 CO_2 产品是通过对二级标准数据进行网格平均所得，空间分辨率为 2°（纬度）×2.5°（经度）。本章节所使用的三级月平均 CO_2 浓度数据版本为 version 5，数据产品下载自 NASA 官方网站；所使用的 5 个全球本底观测站 CO_2 浓度资料下载自 WMO WDCGG 网站[①]。本底观测站名称分别为 Mauna Loa，Waliguan，Niwot Ridge，Sonnblick 和 Summit，其中有关 WMO

---

① http://gaw.kishou.go.jp/wdcgg/wdcgg.html.

WDCGG 本底站数据的测量方法和质量控制可以参见文献（赵玉成等，2006；周聪等，2015）。

为进一步探讨卫星反演在人为排放所引起的大气 CO_2 浓度变化中的应用，本章节还使用到了 2010 年全球大气研究排放数据库（Emissions Database for Global Atmospheric Research，EDGAR）CO_2 排放数据。该数据是全球范围、分辨率为 0.1°×0.1° 的温室气体排放空间网格数据库，由欧盟联合研究中心（European Commission's Joint Research Centre，JRC）和荷兰环保局（Netherlands Environmental Assessment Agency）联合开发。此外，为了研究植被碳通量对 CO_2 浓度的影响，我们还收集了搭载在美国航空航天局的 Terra 卫星上的 2010 年 MODIS NPP 数据[②]，分辨率为 0.1°×0.1°。研究使用的气候数据为 NCEP 再分析资料的 500hPa 风场资料，分辨率为 2.5°×2.5°，降水量资料来自中国地面国际交换站气候资料月值数据集，选取的站点共 543 个，下载自中国气象科学数据共享服务网[③]。

1.3　结　果　分　析

1.3.1　二氧化碳柱浓度的逐月变化及误差检验

为了验证 AIRS 卫星反演的对流层中层 CO_2 浓度资料的可靠性，首先选取了北半球中高纬海拔高度在 3000m 以上并且观测数据相对较为完整的 5 个本底观测站，利用 2003 年 1 月至 2015 年 12 月月平均数据与卫星反演结果进行比较。表 1.1 给出了近 13 年本底观测和 AIRS 卫星反演结果年增长率、均值、月均相关系数及其信度水平，结果表明各观测站观测数据与 AIRS 反演结果相关系数高于 0.754，均通过了 99.9% 的信度检验。近 13 年的 CO_2 浓度年增长率本底站观测结果与 AIRS 卫星反演结果均约为 1.926ppmv/a，这也表明 AIRS 卫星产品确实可以较为准确地反映对流层中层 CO_2 浓度，这与前人的研究结果基本一致（Chahine et al.，2005；Bai et al.，2010）。

表 1.1　2003 年 1 月至 2015 年 12 月地基观测与 AIRS 反演结果对比

站名	本底站位置			年增长率/（ppmv/a）		均值/ppmv		月均相关系数	信度水平/%
	纬度/°N	经度/°E	高度/m	本底	AIRS	本底	AIRS		
Mauna Loa	19.539	204.42	3397	1.914	1.956	387.933	386.765	0.978	99.9
Waliguan	36.28	100.9	3810	1.926	1.901	388.214	386.989	0.948	99.9
Niwot Ridge	40.053	254.41	3523	1.943	1.935	388.647	387.909	0.882	99.9
Sonnblick	47.05	12.95	3106	1.876	1.975	387.699	388.072	0.754	99.9
Summit	72.58	321.52	3238	1.972	1.865	388.672	385.504	0.925	99.9

图 1.1 分别给出了多年月平均的 5 个本底站观测与卫星反演结果的逐月变化对比。从图中可以看出，测站观测结果变化幅度要大于卫星反演结果，但趋势基本一致。二者 CO_2 浓度在 1~4 月保持上升的趋势，并在 4 月达到一年中的最大值，夏季是全年中浓度

---

② https://ladsweb.nascom.nasa.gov/data/search.html.

③ http://cdc.cma.gov.cn/home.do.

值最低的季节，5 个本底站与 AIRS 观测基本一致，但是最低值出现的月份，地基观测要偏晚一个月左右，这主要是夏季植物光合作用强烈，使得 CO_2 浓度迅速下降至最低值，但是地表 CO_2 输送到大气对流层并混合均匀需要一定的时间所致（Bai et al.，2010）。9 月后 CO_2 浓度呈现逐渐上升的趋势，并在 12 月达到另一个峰值。对比 5 个本底站来看，Mauna Loa、Waliguan 和 Niwot Ridge 站与卫星反演结果较为接近，而 Sonnblick 和 Summit 站与卫星反演结果偏差较大，这可能与其海拔高度较其他三站偏低有关。

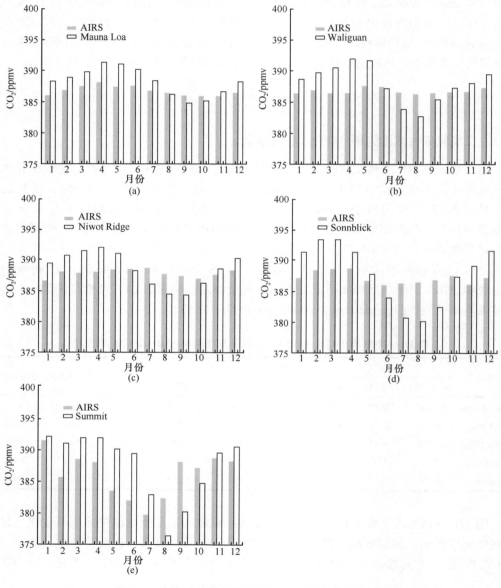

图 1.1　地基站点与 AIRS 卫星 CO_2 柱浓度逐月变化

从图 1.2 中可以清楚地看出，本底站观测与 AIRS 卫星反演结果有很好的一致性。

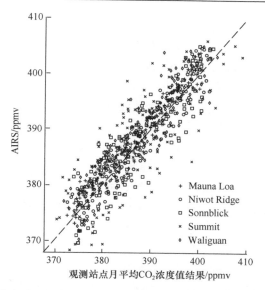

图 1.2　本底站观测的月平均 CO_2 浓度值与 AIRS 卫星反演结果对比

1.3.2　全球二氧化碳柱浓度的全球分布与增长率

图 1.3 给出了 2002 年 9 月至 2016 年 12 月多年平均的全球对流层 CO_2 浓度分布。从图中可以清楚看出，全球对流层平均 CO_2 浓度有明显的非均匀空间分布特征。北半球 CO_2 浓度明显要高于南半球，高值地区主要分布在 30°N～60°N 的中国北半部、欧洲地区、美国中东部到加拿大东南部，以及阿拉斯加等地区，形成一条 CO_2 浓度高值带贯穿整个北半球中高纬地区。这主要是因为该纬度带一方面人口众多，人为活动频繁，有助于这一区域 CO_2 浓度的上升；另一方面大气环流造成的长距离输送也有利于该区域 CO_2 的聚集（Chahine et al.，2008）。另外，在南美洲的里约热内卢、圣保罗到布宜诺斯艾利斯一带，非洲南部的南

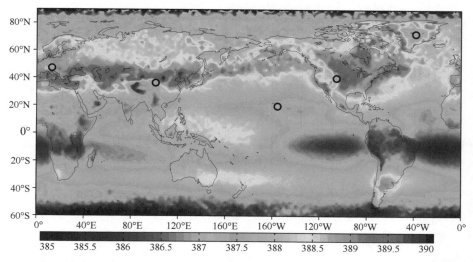

图 1.3　2002 年 9 月至 2016 年 12 月平均的全球对流层中层 CO_2 浓度（单位：ppmv）和 5 个本底站位置

〇表示本底站

非地区、澳大利亚东南部地区至南太平洋中部的 CO_2 浓度值也较大，这与南美地区、南非地区和澳大利亚地区的经济发展和人类活动强度分布是相对应的。全球 CO_2 浓度低值中心主要出现在 15°S～15°N，140°W 向东至 100°E 的低纬地区，形成南半球低纬 CO_2 浓度低值带，其中最小值出现在大西洋海域。AIRS 卫星反演得到的全球 CO_2 浓度非均匀分布特征，体现的是经过大气充分混合后的对流层中层 CO_2 浓度结果，其主要影响因素包括人类活动、下垫面类型、气候条件、地形等。因此，我们主要结合人为排放、净初级生产力、风场和降水等相关资料，分析全球尺度对流层中层 CO_2 浓度的非均匀变化特征及其季节变化的成因。

图 1.4 是 2003～2016 年平均 CO_2 浓度增长率全球分布，具体计算方法请参见文献（符传博等，2014）。图中表明，14 年来全球 CO_2 浓度呈现显著的增长趋势，年增长率主要分布在 1.7～2.15 ppmv/a。相比而言，北半球 CO_2 浓度增长率明显高于南半球，北半球陆地面积大，人口众多，经济发达，CO_2 的人为排放多于南半球，导致北半球 CO_2 浓度增长较快。其中增长最快的区域位于 60°N 以北的北冰洋、西伯利亚地区、北美东北部和格陵兰岛，最大值超过 2 ppmv/a，这与全球变暖背景下北半球高纬地区升温最快的趋势一致。增长率超过 1.95 ppmv/a 的区域还有撒哈拉沙漠、非洲南部、阿拉伯海、澳大利亚中部、赤道附近的东太平洋地区和大西洋地区。CO_2 浓度增长率在 1.85 ppmv/a 以下的地区有太平洋北部和大西洋北部、青藏高原地区和 50°S～60°S 的洋面上。各个区域的 CO_2 浓度增长率主要与当地经济发展水平、植被特点、大气环流等因子有关，我们将在下一小节对全球 CO_2 的主要影响因子进行分析。

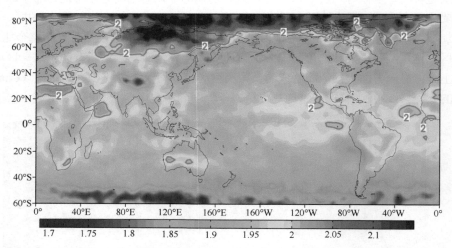

图 1.4　2003～2016 年全球对流层 CO_2 柱浓度年平均增长率空间分布（单位：ppmv/a）
图中数字代表对应区域的 CO_2 分布

1.3.3　全球二氧化碳排放与碳通量、风场和降水的空间分布

大气 CO_2 的源与汇问题一直是国内外学者研究的热点，而引起其浓度变化的主要原因在于人为碳排放能引起大气 CO_2 浓度增加,陆地生态系统和海洋生态系统的光合作用对 CO_2 吸收导致其浓度下降。EDGAR CO_2 排放数据由 JRC 和 NEAA 联合研发，主要根据不同国

家的地理位置对全球区域进行划分，通过直接或间接得到各个国家公布的 CO_2 排放资料，结合全球人口分布、土地类型、道路网络等资料进行空间网格化计算得到 CO_2 年排放值。另外，EDGAR 数据是国际能源署（International Energy Agency，IEA）对外公布的全球每年 CO_2 排放统计公告中重要数据来源（蔡博峰，2012）。EDGAR CO_2 排放源主要包括以下 4 种，即化石燃烧排放、逃逸排放、工业过程排放和生物源排放等。图 1.5 分别给出了 2010 年全球 CO_2 排放和净初级生产力空间分布。从 2010 年全球 CO_2 排放上看[图 1.5（a）]，CO_2 排放的分布特征与各个区域的经济发展水平有很好的一致性。相比而言，北半球 CO_2 排放偏多于南半球，这与全球对流层中层 CO_2 浓度空间分布（图 1.3）一致。CO_2 排放大值区主要有亚洲的我国中东部、印度地区、东南半岛、日本等地，还有欧洲大部分地区、美国和加拿大南部、南美洲东半部、非洲中部和澳大利亚东部沿海，其中最大值出现在我国中东部和印度大部。我国和印度是近些年来经济高速发展的国家，能源消耗巨大，CO_2 排放位

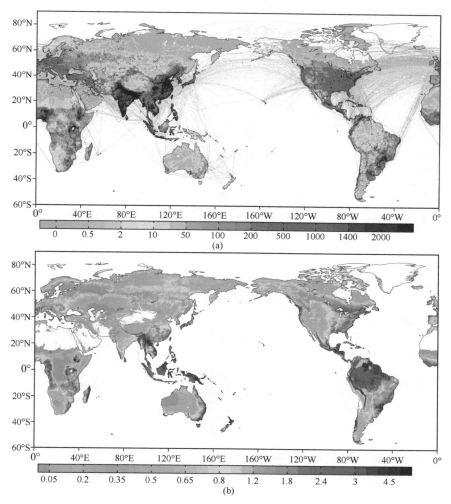

图 1.5　2010 年全球 CO_2 排放分布与全球 NPP 分布

（a）EDGAR 数据，单位为 t；（b）单位为 gC/（m²·d）

居前列。而在 60°N 以北的西伯利亚地区和北美洲北部，以及撒哈拉沙漠、青藏高原、澳大利亚大部和亚马孙雨林地区由于人烟稀少，化石燃料使用不多，CO_2 排放偏弱。

　　净初级生产力是指植物吸收和释放 CO_2 的差值，即植物吸收的净 CO_2 总量，NPP 值是最能直接表现陆地生态系统对 CO_2 吸收能力的一个指标（Dan et al.，2007）。另外，图 1.5 还给出了 2003～2010 年年平均 850hPa 全球风场与同期平均降水量分布。降水与 CO_2 浓度之间也有十分密切的关系，同时对 NPP 的有很大的影响（Dan and Ji，2007），而风场的辐散辐合是形成对流层中层 CO_2 非均匀分布的主要因子之一。一方面碳离子在降水形成的微物理过程中可以充当凝结核的作用，缩短降水过程的形成，而且降水对大气中 CO_2 具有清除和冲刷作用，对降低 CO_2 浓度有利；另一方面，在雨水较为充沛的地区，植被生长十分茂盛，使得 NPP 升高（Dan et al.，2015），进一步促进植物对大气 CO_2 的吸收。从图 1.5（b）可以看出，NPP 大致主要分布在赤道附近的非洲中部、南美洲北部和亚洲中南半岛的热带雨林地区，局地 NPP 能达到 4 gC/（m²·d）以上，这些区域雨水充沛[图 1.6（b）]，

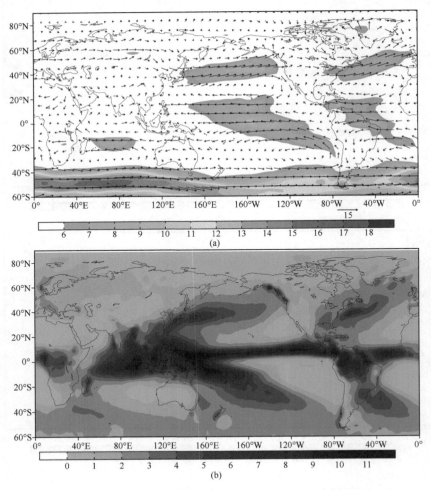

图 1.6　2003～2010 年年平均 850hPa 全球风场与平均降水量

（a）单位为 m/s；（b）单位为 mm/day

植被覆盖率较高,植被生长茂盛并且四季常青,光合作用强,有利于 CO_2 的迅速消耗。此外还有 60°N 附近的欧洲地区、西伯利亚、北美洲东半部地区的常绿针叶林带,NPP 可达 1 gC/（m²·d）左右。从 850hPa 风场[图 1.6（a）]上看,60°N 以北地区风速偏弱,有利于 CO_2 在这一区域辐合,这与 CO_2 浓度年增长率（图 1.4）的分析一致。而在 50°S~60°S 之间有一条明显的西风带,同时也是 CO_2 浓度偏小,增长率偏弱的区域。

1.3.4　全球二氧化碳柱浓度与碳通量、风场和降水四季变化

为了更深入分析全球对流层中层 CO_2 浓度季节变化特征及其成因,本小节将 3~5 月（MAM）记为春季,6~8 月为夏季（JJA）,9~11 月为秋季（SON）,12 月至翌年 2 月为冬季。对于春季（图 1.7）,CO_2 浓度是四季中最高的季节,特别是在 40°N 以北的北半球高纬地区,我国东北地区、西伯利亚东部到北美洲北部 CO_2 浓度局地超过了 400ppmv。南半球 CO_2 浓度基本都在 387ppmv 以下,最低值出现在 10°S~20°S,140°W 向东至 60°E 的低纬地区。春季北半球降水量较少[图 1.7（c）],植物和土壤的呼吸作用强烈,而植物光合作用相对较弱,NPP 偏小不利于 CO_2 的清除[图 1.7（d）]。从风场上看,太平洋和大西洋北部的西南风也有利于低纬地区的 CO_2 向高纬地区输送,致使这些区域 CO_2

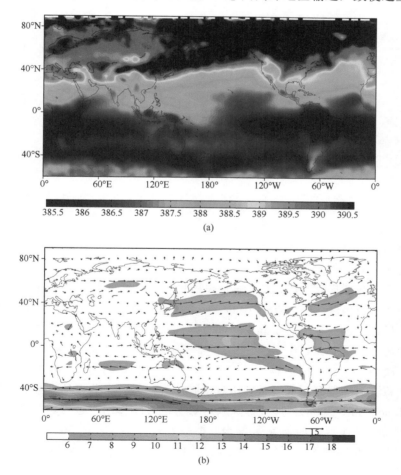

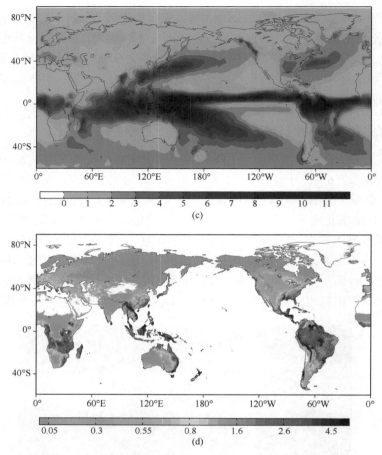

图 1.7　2003～2016 年平均的春季对流层 CO_2 柱浓度（a）、850hPa 风场（b）、降水量（c）和 2010 年春季 NPP（d）的空间分布

（a）单位为 ppmv；（b）单位为 m/s；（c）单位为 mm/d；（d）单位为 gC/（m²·d）

浓度偏高。而此时南半球雨量偏多，有利于降水对 CO_2 的清除，同时植被生长茂盛，植物光合作用偏强，导致 CO_2 浓度偏低。

夏季（图 1.8），相对于春季而言，北半球 CO_2 浓度有明显下降，只有在 40°N 附近的地中海向西至我国华北地区，太平洋北部和北美洲东南沿海地区有超过 389ppmv 的浓度分布，而大部分地区均在 387ppmv 以下，特别是在 60°N 以北的地区，CO_2 浓度相对于春季下降最为显著。夏季对于北半球而言是四季中雨水最为丰沛的季节，在我国东南半部、欧洲至西伯利亚地区、北美洲东半部等降水量都有明显的增加[图 1.8（c）]，使得植物生长茂盛，光合作用强烈，净初级生产力有了长足的增长。且夏季北半球中高纬度地区大气急流活动偏多，水平风场相对偏弱，这有利于北半球对流层中层 CO_2 的垂直输送（Chahine et al.，2008），加上强降水对 CO_2 的冲刷作用，导致夏季对流层中层 CO_2 浓度显著下降。南半球此时降水量偏少，植被光合作用弱，在 30°S 附近的非洲南部、澳大利亚东南部和南美洲南部 CO_2 浓度有所增长至 388 ppmv 附近，结合风场[图 1.8

（b）]可以看出这一区域的风速较弱，有利于 CO_2 的累积。

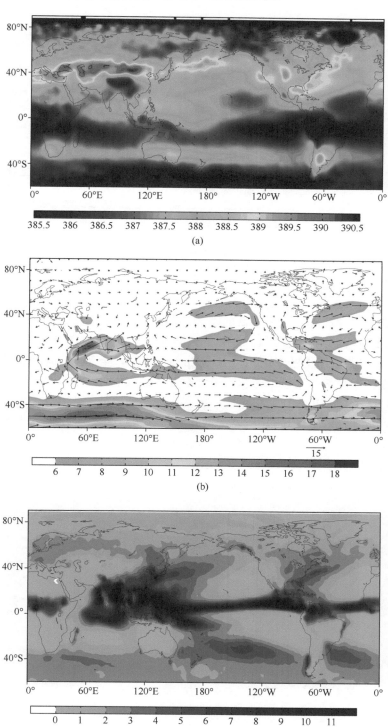

(a)

(b)

(c)

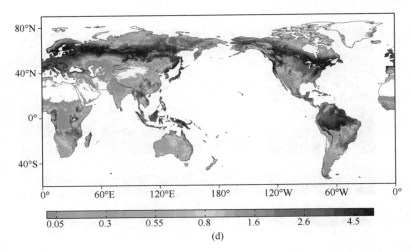

(d)

图 1.8　2003~2016 年平均的夏季对流层 CO_2 柱浓度（a）、850hPa 风场（b）、降水量（c）和 2010 年
春季 NPP（d）的空间分布

（a）单位为 ppmv；（b）单位为 m/s；（c）单位为 mm/d；（d）单位为 gC/（$m^2 \cdot d$）

秋季是四季中全球 CO_2 浓度最低的季节。图 1.9（a）表明，全球 CO_2 空间分布自北向南呈现高–低–高的分布特征。40°N 以北的陆地上 CO_2 浓度在 388ppmv 附近，而在 40°N~30°S 之间的低纬地区 CO_2 浓度在 387ppmv 以下，全球 CO_2 浓度的高值中心分布在澳大利亚东南部至南太平洋地区和南美洲南部，最大值可达 390ppmv。秋季北半球雨带向南收缩，大的降水集中在低纬地区，雨水的冲刷和植被的光合作用对这些地区 CO_2 的消耗较大，致使低纬地区 CO_2 浓度偏低。从图 1.9（b）上看，北半球秋季总体 NPP 还维持较高水平，不利于 CO_2 浓度的上升。而南半球 40°S 附近的高值区与风场的持续偏弱，有利于 CO_2 的积累。

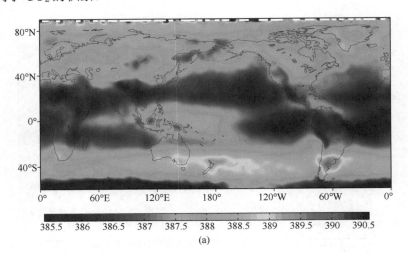

(a)

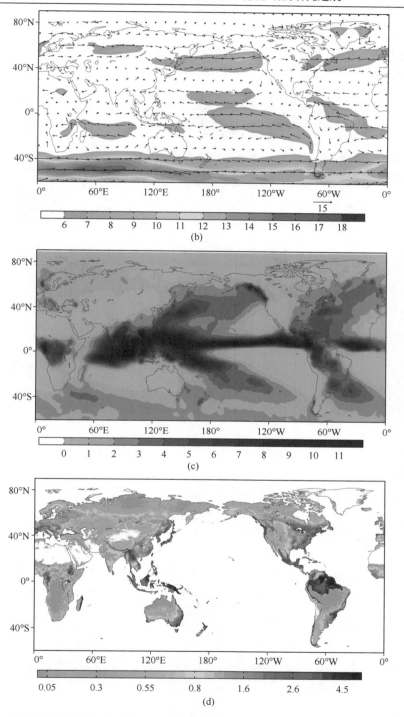

图 1.9　2003~2016 年平均的秋季对流层 CO_2 柱浓度（a）、850hPa 风场（b）、降水量（c）和 2010 年
秋季 NPP（d）的空间分布

（a）单位为 ppmv；（b）单位为 m/s；（c）单位为 mm/d；（d）单位为 gC/（m²·d）

　　冬季，北半球的 CO_2 浓度较秋季有明显的增长，大值区位于欧洲至青藏高原西部、太平洋北部和美国的大部分地区。冬季北半球气温降低，雨水减少使得植物的光合作用减弱，NPP 值明显降低[图 1.10（d）]，只有在 20°N 以南的低纬地区才有一些分布，

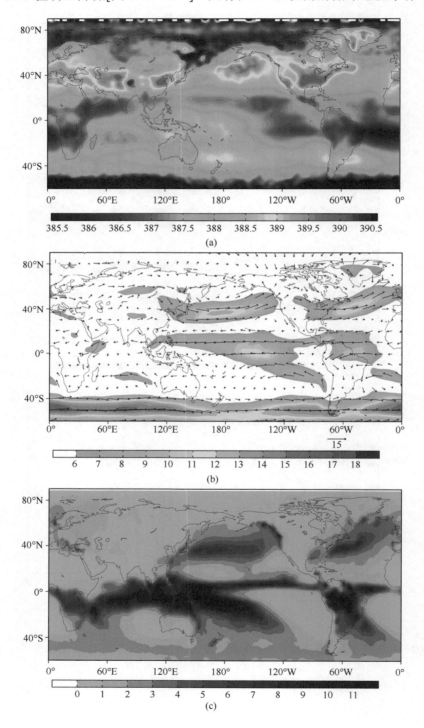

(a)

(b)

(c)

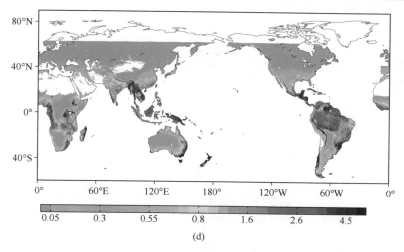

(d)

图 1.10　2003～2016 年平均的冬季对流层 CO_2 柱浓度（a）、850hPa 风场（b）、降水量（c）和 2010 年
冬季 NPP（d）的空间分布

（a）单位为 ppmv；（b）单位为 m/s；（c）单位为 mm/d；（d）单位为 gC/（$m^2·d$）

对流层中层 CO_2 浓度逐渐累积上升，这也对来年春季 CO_2 浓度上升至最高值起到了一定
的促进作用。对于南半球而言，此时是雨季，充沛的降水除了对 CO_2 的冲刷作用之外，
还促进植物的生长，加强光合作用，NPP 增长快速，致使南半球 CO_2 浓度维持在较低的
水平。

1.3.5　中国区域二氧化碳柱浓度分布与增长率

图 1.11（a）给出了中国地区 2003～2015 年年平均对流层中层 CO_2 浓度分布。图中
表明，中国地区多年平均的 CO_2 浓度空间分布上呈现北高南低的非均匀特征，其中在
35°N～45°N 附近形成了 4 个高值中心，分别位于我国东北地区西南部、内蒙古西部、新
疆地区东部和西部，中心值均超过 390ppmv，这和前人的研究结果一致（Bai et al.，2010）。
东北地区西南部的高值中心主要与该地区人口较多，经济水平较为发达有关，一方面东
北地区重工企业较多，冬季取暖的需求较大，造成大量化石燃料燃烧，CO_2 排放加剧；
另一方面东北平原主要被农田覆盖，冬季温度偏低，农作物的光合作用较弱，不利于 CO_2
的消耗而易形成 CO_2 浓度高值中心。内蒙古西部、新疆地区东部和西部，是我国主要的
沙漠、戈壁分布区域，降水偏少、植物稀缺，从而也有利于 CO_2 在该区域的聚集。另外，
大气的输送作用也是造成该区域 CO_2 浓度分布偏高的主要原因之一（李婧等，2006）。
在 20°N～30°N 的云南地区和 30°N 附近的西藏地区，是我国 CO_2 浓度低值区域，这与我
国北方高值区域形成鲜明对比。云南地区一方面由于雨水和光照条件较好，植被生长茂
盛并且四季常青，较高的覆盖率有助于植被光合作用增强，加大对 CO_2 的消耗。另一方
面云南地区属热带季风气候，与海洋空气交换频繁，易形成 CO_2 浓度低值区。西藏地区
人口稀疏，工业水平低下，CO_2 排放较少，也不利于 CO_2 浓度的上升。各区域 CO_2 浓度
值除了与地表源与汇有关外，还与大气输送有密切相关。中国各地区 CO_2 的人为排放差
异很大，这必然会导致大气中本底 CO_2 浓度值有明显的区域差别，然而 AIRS 卫星反演

的结果却没有这样的地区差异，这主要与大气环流作用对 CO_2 输送混合的影响有关。一般情况下，对流层中的风速在水平方向要远远高于垂直方向，因此 CO_2 的交换、混合作用主要体现在水平方向上。而 AIRS 卫星反演的对流层中层 CO_2 浓度滞后于地基观测，说明卫星观测主要反映的是垂直方向的交换混合结果。

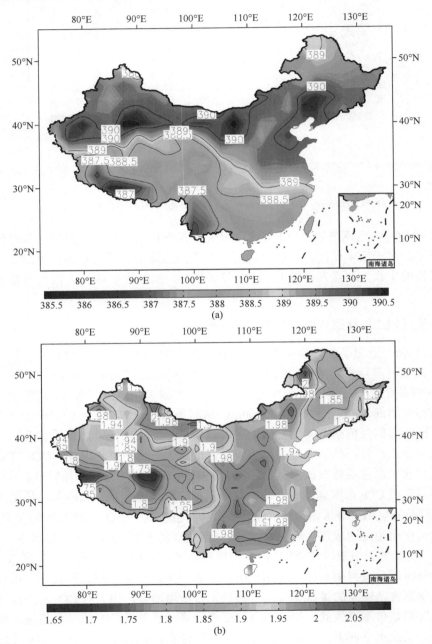

图 1.11　2003～2015 年年平均中国地区对流层 CO_2 柱浓度空间分布[（a）单位：ppmv]及其年平均增长率[（b）单位：ppmv/a]

图 1.11（b）是对应的 13 年年平均 CO_2 浓度增长率，具体计算方法请参见文献（符传博等，2014）。13 年来我国 CO_2 浓度年平均增长率主要分布在 1.65～2.15 ppmv/a，增长最快的区域位于中高纬度的新疆东北部、内蒙古中东部，我国中部的河南、湖北、重庆、贵州地区，以及广东等地，其中心值均超过了 1.98 ppmv/a。而青藏高原地区增长最为缓慢，在 1.8 ppmv/a 以下。各个区域的 CO_2 浓度增长率主要与当地经济发展水平、植被特点、大气环流等因子有关。

图 1.12（a）和图 1.12（b）分别给出了多年月平均和逐月变化的瓦里关测站观测资料与卫星反演结果对比。从多年月平均变化上看，测站观测结果变化幅度要大于卫星反演结果，但趋势基本一致。二者 CO_2 浓度在 1～4 月均保持上升的趋势，并在 4 月和 5 月分别达到一年中的最大值，夏季是全年中浓度值最低的季节，AIRS 最低月份为 7 月，地基观测为 8 月，这主要是夏季植物光合作用强烈，使得 CO_2 浓度迅速下降至最低值。8 月后 CO_2 浓度呈现逐渐上升的趋势，并在 12 月达到另一个峰值。冬季相对于秋季，北半球植物的光合作用明显减弱，对流层中层 CO_2 浓度逐渐增长，这对北半球来年春季出现的浓度最高值起到积累作用。从逐月变化上看[图 1.12（b）]，瓦里关地区对流层中层 CO_2 浓度在近 13 年来有显著的上升趋势，2003 年 CO_2 浓度值在 375ppmv 附近，到 2015 年基本超过了 395ppmv，近 13 年增幅达 6.7%。对比瓦里关地基观测与卫星结果可知，卫星结果的波峰出现月份略滞后于地基观测结果，与多年月平均变化结果一致，这主要是由于地表 CO_2 输送到大气对流层并混合均匀需要一定的时间所致（Bai et al.，2010）。

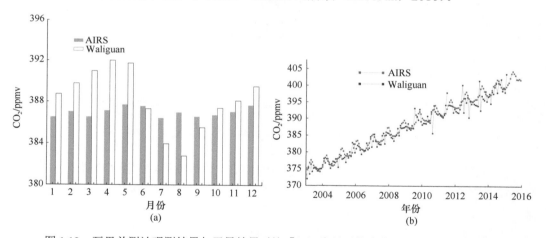

图 1.12　瓦里关测站观测结果与卫星结果对比 [（a）为月平均变化；（b）为逐月变化]

1.3.6　中国区域二氧化碳排放与碳通量、风场和降水的空间分布

大气 CO_2 的源与汇问题一直是国内外学者研究的热点，而引起其浓度变化的主要原因在于人为碳排放能引起大气 CO_2 浓度增加，陆地生态系统和海洋生态系统的光合作用对 CO_2 吸收导致浓度下降。全球大气研究排放数据库（EDGAR）CO_2 排放数据由欧盟联合研究中心（JRC）和荷兰环保局（NEAA）联合研发，主要根据不同国家的地理位置对全球区域进行划分，通过直接或间接得到各个国家公布的 CO_2 排放资料，结合全球人口

分布、土地类型、道路网络等资料进行空间网格化计算得到 CO_2 年排放值。另外，EDGAR 数据是国际能源署 IEA 对外公布的全球每年 CO_2 排放统计公告中重要数据来源（蔡博峰，2012）。EDGAR CO_2 排放源主要包括以下 4 种，即化石燃烧排放、逃逸排放、工业过程排放和生物源排放等。图 1.13 给出了 2010 年中国地区 CO_2 排放分布，其分布特点与我国各个区域的经济发展水平有很好的一致性。我国 CO_2 排放源在空间分布上表现出东多西少的特征，特别是位于我国西部的西藏、川西高原、内蒙古西部和北部、新疆南部等地区 CO_2 排放明显偏弱。排放较为稠密的区域分布在京津冀地区、华东和华南地区，以及四川盆地，这几个区域是我国经济中心，工业发达，污染排放也最为严重。

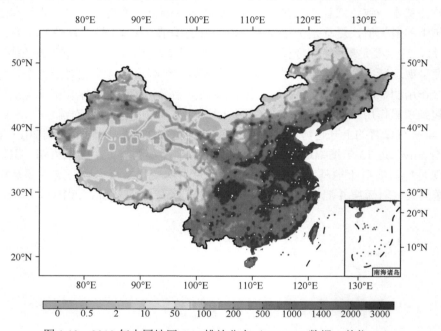

图 1.13　2010 年中国地区 CO_2 排放分布（EDGAR 数据，单位：t）

　　净初级生产力是指植物吸收和释放 CO_2 的差值，即植物吸收的净 CO_2 总量。在光合作用过程中，植被的叶片在太阳光照射下吸收空气中的 CO_2 和土壤水分，把太阳能转换成植被生存和生长需要的碳水化合物，在这个过程中植被为动植物包括人类提供物质和能量来源，同时产生人类生存所需要的氧气（Dan et al.，2007）。因此，NPP 的变化很大程度上体现了植被在全球碳循环中的作用。降水与 CO_2 浓度之间也有十分密切的关系（Dan and Ji，2007）。一方面碳离子在降水形成的微物理过程中可以充当凝结核的作用，缩短降水过程的形成，而且降水对大气中 CO_2 具有清除和冲刷作用，对降低 CO_2 浓度有利；另一方面，在雨水较为充沛的地区，植被生长十分茂盛，使得 NPP 升高，进一步促进植物对大气 CO_2 的吸收。从图 1.14（a）和图 1.14（b）中可以看出，我国 NPP 和年平均降水量分布主要呈现东南向西北递减的特征。NPP 大值区主要分布在 95°E 以东，35°N 以南地区，以及东北地区北部和东南部、天山地区等，这些区域雨量丰富，日照充足。NPP 最大值出现在云南的西南部和西藏的东南部地区，NPP 高达 4.5 gC/（$m^2 \cdot d$），这些地区雨水充沛，植被覆盖率较高，植被生长茂盛并且四季常青，光合作用强有利于 CO_2 的迅速消耗，我国 CO_2 浓度的空间分布［图 1.11（a）］也表明这些地区是 CO_2 浓度的低值中心所在。因此我国南方部分地区尽管工业发达，CO_2 排放较多，但是相应的降水充沛，植被茂盛，加上南方海洋季风气候的特点，也不利于 CO_2 的聚集。

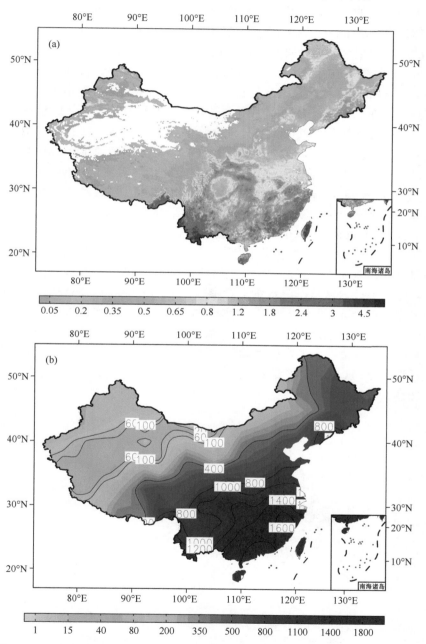

图 1.14　2010 年中国地区 NPP 分布（a）与 2003～2010 年年平均降水量分布（b）

（a）单位：gC/（m²·d）；（b）单位为 mm/a

1.3.7 中国区域二氧化碳柱浓度与碳通量、风场和降水四季变化

为了更深入了解我国地区 CO_2 浓度的季节变化特征及其影响因子，图 1.15 给出了 2003～2015 年多年平均的中国地区四季对流层中层 CO_2 柱浓度空间分布。春季，CO_2 浓度是四季中最高的季节，特别是在新疆南部、内蒙古西部和东北地区中部等地，其中心值均超过了 392ppmv。图 1.16（a）表明春季我国北方大部分地区降水量较少，植物和土壤的呼吸作用强烈而植物光合作用相对较弱，NPP 偏小[图 1.17（a）]不利于 CO_2 的清除。另外，春季我国中高纬度 500hPa 高度以西北风为主，较强的风力有利于中高纬地区的 CO_2 向低纬度地区输送，特别是在下风向的华北地区和华东北部，CO_2 浓度值也有较高的分布。夏季，是四季中雨水最为丰沛的季节，除了新疆地区、西藏西部和内蒙古中西部等地区外，其余大部分地区降水量均在 60mm 以上[图 1.16（b）]。植物生长茂盛，光合作用强烈，NPP 较大[图 1.17（b）]，且夏季北半球中高纬度地区大气急流活动偏多，水平风场相对偏弱，这有利于北半球对流层中层 CO_2 的垂直输送（Chahine et al.，2008），加上强降水对 CO_2 的冲刷作用，导致夏季对流层中层 CO_2 浓度显著下降。四个季节中，秋季我国区域对流层中层 CO_2 浓度分布最低，这与前人研究的结果一致（Bai et al.，2010）。地基观测的结论表明夏季是我国地区 CO_2 浓度最低的季节（刘立新等，2009），这主要是因为卫星观测的对流层底层与中层大气之间的混合需要一段时间，从而导致对流层中层 CO_2 浓度缓慢减少至秋季才下降到最低值，滞后于地面观测。另外，从秋季降水量上看[图 1.9（c）]，我国大部分地区雨水还很多，NPP 值也有很大的分布[图 1.17（c）]，特别是在华北地区、华东西部和华南等地区 NPP 值甚至超过了夏季，这也对秋季我国 CO_2 浓度的降低有很大贡献。冬季，北半球气温降低，雨水减少使得植物的光合作用减弱，NPP 值降低[图 1.17（d）]，对流层中层 CO_2 浓度逐渐累积上升，这也对来年春季 CO_2 浓度上升至最高值起到了一定的促进作用（符传博等，2018）。

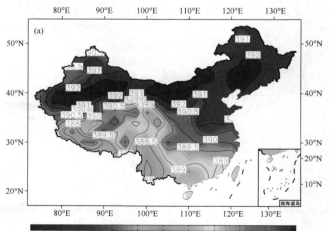

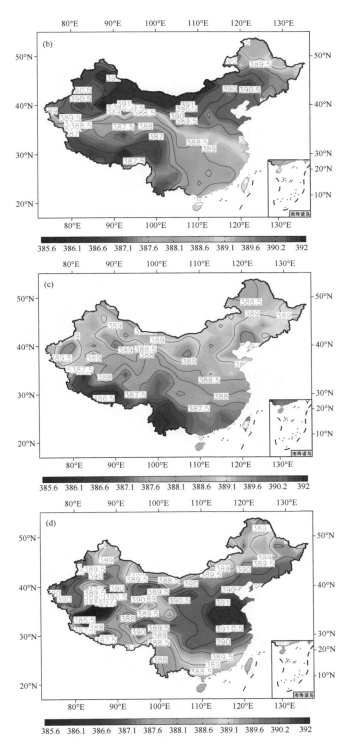

图 1.15　中国地区 2003～2015 年多年平均的对流层中层 CO_2 柱浓度空间的四季分布

单位为 ppmv；（a）春季，（b）夏季，（c）秋季，（d）冬季

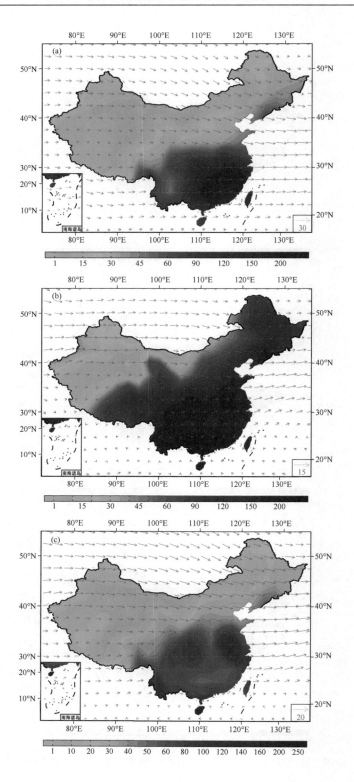

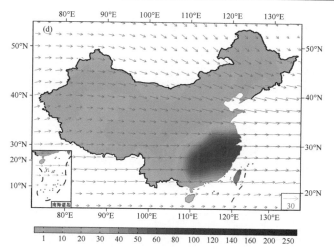

图 1.16　中国地区 2003～2015 年多年平均的 500hPa 风场与季节降水量空间的四季分布叠加
单位为 mm；（a）春季，（b）夏季，（c）秋季，（d）冬季

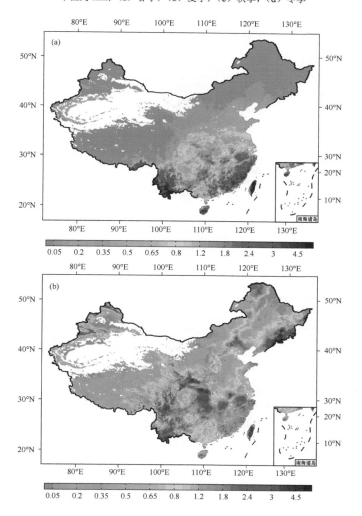

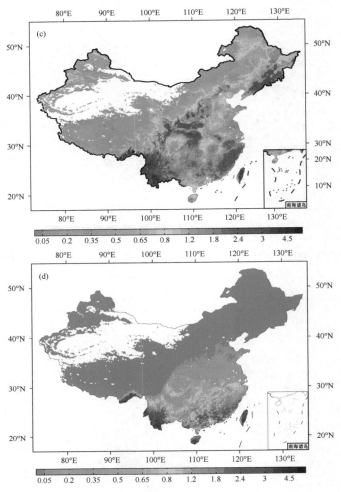

图 1.17　2010 年中国地区 NPP 空间的四季分布
单位为 gC/（m²·d）；（a）春季，（b）夏季，（c）秋季，（d）冬季

1.4　结论与讨论

IPCC 第五次评估报告指出，全球平均气温由于大气温室气体浓度的增加，在过去100 年间上升了 0.74℃，其中 CO_2 是主要的温室气体贡献者（IPCC，2014），第六次报告最新结果（IPCC，2021）指出本世纪初的两个十年即 2001～2020 年气温比 1850～1990年高 0.99℃（0.84～1.10℃）。15μm 是地气系统长波辐射中最强的波段，CO_2 对这一波段的长波辐射有很好的吸收效应，因此其浓度的增加将显著提升温室气体对地气系统向太空红外长波辐射的吸收效率，进而导致全球气候系统发生变化。近些年来卫星遥感技术已经得到长足的发展，利用卫星技术来探测大气 CO_2 浓度也日趋成熟。可以连续获得大范围实时观测的 CO_2 浓度时空分布，这也大大有利于了解碳循环在气候系统变化中的作用，具有非常重要的现实意义。本章利用本底站资料对 AIRS 卫星反演的 CO_2 数据进行

误差检验，同时结合排放资料、NPP 数据、风场和降水量资料分析全球尺度对流层中层 CO_2 浓度的时空变化趋势、季节变化特征及其原因，得到以下结论：

（1）AIRS 卫星观测结果与本底观测有较好的一致性，5 个观测站观测与卫星结果相关系数均高于 0.754，通过了 99.9%的信度检验。同时 AIRS 卫星能较好地观测出 CO_2 浓度的月际变化，可以真实地反映对流层中层 CO_2 浓度。

（2）CO_2 浓度高值区位于北半球 30°N～60°N 的中国北半部、欧洲地区、美国中东部到加拿大东南部，以及阿拉斯加等地区。低值中心主要出现在 15°S～15°N，140°W 向东至 100°E 的低纬地区，其中最小值出现在大西洋海域。北半球 CO_2 浓度增长率高于南半球，增长最快的区域位于 60°N 以北地区，最大值超过 2 ppmv/a。太平洋北部、大西洋北部、青藏高原地区和 50°S～60°S 的洋面 CO_2 浓度增长最慢。

（3）AIRS 卫星能较好地观测到全球 CO_2 浓度的季节变化特征，其中 CO_2 浓度最高值出现在春季，冬夏季次之，秋季最低，其各个季节的 CO_2 浓度分布和演变规律特点，与全球植被的吸收、降水的清除和风场的输送及其变化等有密切的联系。

（4）中国地区多年平均的 CO_2 浓度空间分布上呈现北高南低的非均匀特征，并在 35°N～45°N 附近的东北地区西南部、内蒙古西部、新疆地区东部和西部形成高值中心。低值中心出现在 20°N～30°N 的云南地区和 30°N 附近的西藏地区。CO_2 浓度年增长率较大的区域有新疆东北部、内蒙古中东部，以及河南、湖北、重庆、贵州、广东等地，其中心值均超过了 1.98 ppmv/a。青藏高原地区增长在 1.8 ppmv/a 以下。

（5）我国区域 CO_2 浓度有明显的季节变化特征，其中 CO_2 浓度最高值出现在春季，冬夏季次之，秋季最低，其季节变化特点与东亚地区风场的输送、我国降水量的清除和植被的吸收等有密切的联系。

第 2 章 全球与典型区域非均匀大气二氧化碳浓度及人为碳排放

2.1 引 言

作为影响全球气候变化最重要的温室气体之一，大气 CO_2 浓度的变化备受关注。近几十年来全球大气 CO_2 浓度增长显著，观测数据显示从 1980 年至今全球大气 CO_2 浓度从 340ppm 已经增长到了目前的 415 ppm（Meinshausen et al.，2017），对全球气候、生态系统和水循环过程等各个方面造成了很大影响。人类活动带来的化石燃料燃烧和工业过程被认为是导致大气 CO_2 浓度增加的主要原因（周聪等，2015；雷莉萍等，2017）。联合国政府间气候变化专门委员会第五次综合报告指出，1970～2010 年间，化石燃料燃烧和工业过程的 CO_2 排放量占温室气体总排放增量的约 78%（Pachauri et al.，2014）。国际能源署（IEA）的估算结果同时指出，城市能源利用 CO_2 排放占全球能源利用 CO_2 排放总量的 71%（IEA，2015）。为减缓大气 CO_2 浓度的持续升高，国际社会积极行动。1997 年签定了《〈联合国气候变化框架公约〉京都议定书》，2016 年签署了《巴黎协定》，世界各国都制定了国家级的温室气体减排计划协议和气候变化战略（雷莉萍等，2017）。在实现 CO_2 减排的道路上，大气 CO_2 浓度的时空变化数据成为评估人为排放减排控制效果的重要基础，由第 1 章可以明显看到全球大气 CO_2 浓度分布是不均匀的，并且 CO_2 排放高的地区也主要位于人类活动强烈的区域，因此研究不同区域的 CO_2 浓度分布具有重要科学意义和应用价值，有助于在区域尺度上深入理解 CO_2 非均匀分布下碳循环机理和气候效应。

全球碳排放与气候变化关系研究涵盖大气、海洋和陆地生态圈碳循环的分析，不同生态系统碳循环模型已被广泛应用于气候变化的影响研究中。当前，国际上大多数学者采用全球平均的 CO_2 浓度分布开展分析，分别构建了大气 CO_2 浓度与地表温度间的耦合关系（岳超等，2010；Navarro et al.，2018）。早期关于全球大气 CO_2 浓度分布对地表升温机制的研究大多基于 CO_2 浓度均匀分布展开，但基于全球 CO_2 平均分布设定开展模拟影响评估在学术界存在争议（周凌晞等，2008；张帆等，2021）。近年来，来自本底观测站的地基测量数据，分辨率不断提升的模式模拟结果以及各国碳卫星的直观遥感资料都证明了全球大气 CO_2 浓度非均匀动态分布的事实。

2014 年 12 月，美国航空航天局（NASA）发布了全球 CO_2 空间分布图，证实大气 CO_2 浓度非均匀动态分布的空间特征（吴国雄等，2014；陈卓奇等，2015；Basu et al.，2014）。我国于 2016 年发射的拥有探测叶绿素荧光信号能力的碳卫星，成为国际上第三颗具有高精度温室气体探测能力的卫星，基于其独特的遥感反演算法，获取了首幅中国碳卫星大气 CO_2 全球分布图，揭示由于人为排放形成的北半球 CO_2 浓度高、南半球浓度低的特征，同时也反映出全球大气 CO_2 浓度空间非均匀分布特征（符传博等，2018；Wang et al.，2019）。Wang 等（2020）在收集我国大气监测站 CO_2 浓度数据基础上，结合 NOAA/ ESRL 提供的每小时 CO_2 浓度观测数据、世界温室气体数据中心（World Data Centre for Greenhouse Gases，WDCGG）以及日俄西伯利亚高塔内陆观测网络（Japan-Russia Siberia Tall Tower Inland Observation Network，JR-STATION）提供的中国大陆周边大气 CO_2 浓度数据，绘制出了空间分辨率为 4°×5°的 2010～2016 年中国陆地生物圈 CO_2 通量，揭示了我国大气 CO_2 浓度非均匀分布的特征（Wang et al.，2020）。此外，国内外学者相继揭示了大气 CO_2 浓度分布不仅在空间上存在地域性差别，在时间上也有季节性的差异，并对全球 CO_2 非均匀动态分布与地表温度的作用机制进行了探究（方精云等，2011；Friedlingstein et al.，2014；Williams et al.，2017）。基于大气 CO_2 浓度非均匀动态分布现状，厘清大气 CO_2 浓度非均匀动态分布对地表升温过程的影响机理，不仅具有科学的前瞻性，更是全球气候变化影响评估研究领域的一次探索。

由第 1 章可以明显看到全球大气 CO_2 浓度分布是不均匀的，并且 CO_2 排放高的地区也主要位于人类活动强烈的区域，因此研究不同区域的 CO_2 浓度分布具有重要科学意义和应用价值，有助于在区域尺度上深入理解 CO_2 非均匀分布下碳循环机理和气候效应。了解全球大气 CO_2 浓度空间分布差异，探寻全球大气 CO_2 浓度非均匀分布证据，揭示大气 CO_2 浓度非均匀分布与地表升温之间的互馈机制，对支撑国家应对气候变化有着积极的现实意义。

2.2　大气非均匀二氧化碳浓度数据产品

常用的大气 CO_2 浓度数据来源于地基观测和卫星遥感观测两种数据源。地基观测能够提供单"点"的局地的精准的大气 CO_2 浓度观测结果，主要观测近地面的大气 CO_2 浓度和大气 CO_2 柱浓度（column-averaged carbon dioxide dry air mole fraction，XCO2）。卫星遥感观测是利用星上传感器获取的大气 CO_2 高光谱吸收特征，再通过辐射传输理论定量反演得到大气 CO_2 柱浓度值（刘毅等，2011）。地基观测常用来验证卫星反演结果的准确性，而卫星遥感观测覆盖范围广，主要用于大气 CO_2 浓度的时空变化监测和碳源汇研究。

为有效监测全球范围内 CO_2 的浓度变化及其源汇的分布特征，地面台站观测、高塔观测、飞机与船舶航测，以及卫星遥感观测等为 CO_2 监测提供了多样化的手段和方式。其中时间序列长的地面台站观测和空间范围广的卫星遥感观测成为两种最为重要的观测方式，提供的数据信息可用于研究全球大气 CO_2 浓度。

由世界气象组织（World Meteorological Organization，WMO）的全球大气监测计划（Global Atmosphere Watch，GAW）资助的世界温室气体数据中心（WDCGG）收集、管理并提供了全球各个站点 CO_2 及其他温室气体的观测数据，其中全球碳柱总量监测网络（TCCON）是 WDCGG 中的重要组成部分。尽管传统的地面 CO_2 观测具有精度高、可靠性强的优点，然而，离散分布的地面观测站点无法提供宏观的 CO_2 浓度数据，尤其是在海洋、沙漠和极地等人迹罕至的地区观测相当稀缺，难以维持长期稳定的大气观测（Butz et al.，2009；O'Dell et al.，2012）。因此，仅仅依赖地面观测方式很难准确地确定全球 CO_2 的源汇信息。

在此背景下，卫星对温室气体检测技术得到了较为显著的进步，使得全球大气 CO_2 的浓度观测得到了有效改善。卫星遥感作为监测大气组成成分的重要观测方式，能够填补地面观测站的缺失并提供稳定、连续、大范围、地面或高空三维的全球 CO_2 浓度数据和其他大气成分产品资料，获取了大量仪器无法直接观测的宝贵资料。随着卫星高光谱遥感技术的发展，一系列具备 CO_2 探测能力的卫星相继发射升空。如搭载于美国 Aqua 卫星上的 AIRS 传感器，通过对红外光谱的探测，可用于对流层中层 CO_2 信息的提取（Bai et al.，2010）。此外，欧洲（SCIAMACHY 卫星、MicroCarb 卫星）、日本（GOSAT 卫星、GOSAT-2 卫星）、美国（OCO-2 卫星）、加拿大（GHGSat 卫星）和中国（TanSat 卫星）等国家或地区近年来也开展了一系列卫星遥感监测温室气体的科学计划或项目。

2.2.1　主要地基大气二氧化碳浓度观测网络介绍

1. 全球碳柱总量观测网络（TCCON）

TCCON 是目前应用最广泛的全球痕量气体观测站网。利用地基傅里叶变换光谱仪（Fourier transform spectrometers，FTS）观测包括大气 CO_2 浓度和其他 6 种痕量气体（CH_4，N_2O，HF，CO，H_2O，HDO）。截至 2020 年 11 月，TCCON 网络现有观测站点 27 个，未来拟增加 5 个站点，已退役 5 个站点。图 2.1 显示了所有站点在全球的分布情况。表 2.1 列出了目前观测站点的具体信息。

图 2.1　TCCON 观测站点分布图

来源于 TCCON 网站 https://tccon-wiki.caltech.edu/Main/TCCONSites

表 2.1　TCCON 观测站点详细信息

站名	起始时间	纬度	经度	海拔/km	仪器类型	探测器	通道数量	扫描速率/kHz	低通滤波切断频率/kHz	扫描模式
Anmyeondo，Korea	Aug-14	36.5382°N	126.3311°E	0.030	125HR	xInGaAs Si	2	10	10	DC，F&R single scans
Ascension Island	May-12	7.9164°S	14.3325°W	0.01	125HR	xInGaAs Si	2	10	40	DC，F&R single scans
Bremen，Germany	Jul-04	53.10°N	8.85°E	0.027	125HR	xInGaAs	1	10		DC since Jul-08, double scans
Burgos，Philippines	Mar-17	18.533°N	120.650°E	0.035	125HR	xInGaAs InSb Si	2	10	10	DC，F&R single scans
Caltech，USA	Sep-12	34.1362°N	118.1269°W	0.230	125HR	xInGaAs Si InSb	2	7.5 prior to 20150420 10 afterward	10	DC，F&R single scan
Darwin，Australia	Aug-05 to Jun-15	12.424°S	130.892°E	0.03	125HR	xInGaAs Si InSb	2	10	10	DC since oct-05, F&R single scans
Darwin，Australia	Jul-15	12.45606°S	130.92658°E	0.037	125HR	xInGaAs Si InSb	2	10	10	DC，F&R single scans
Dryden，USA	July-13	34.958°N	117.882°W	0.699	125HR	xInGaAs Si	2	7.5	10	DC，F&R single scans
East Trout Lake，Canada	Oct-16	54.353738°N	104.986667°W	0.5018	125HR	xInGaAs InSb	2	10	10	DC，F&R single scans
Eureka，Canada	Aug-06	80.05°N	86.42°W	0.61	125HR	xInGaAs InSb HgCdTe	1	7.5	10	DC since Sept-09, AC, F&R single scans
Garmisch，Germany	Jul-07	47.476°N	11.063°E	0.74	125HR	xInGaAs Si InSb	2	7.5	10	DC，F&R single scans
Izaña，Tenerife	May-07	28.3°N	16.5°W	2.37	125HR	xInGaAs InSb HgCdTe	1	40		DC since Jun-08, F&R averages（3）
Karlsruhe，Germany	Sep-09	49.100°N	8.439°E	0.116	125HR	xInGaAs InSb	1	20	10	DC，F&R averages
Lamont，OK（USA）	Jul-08	36.604°N	97.486°W	0.32	125HR	xInGaAs Si InSb	2	7.5	10	DC，F&R single scan

站名	起始时间	纬度	经度	海拔/km	仪器类型	探测器	通道数量	扫描速率/kHz	低通滤波切断频率/kHz	扫描模式
Lauder, New Zealand	Jun-04	45.038°S	169.684°E	0.37	120HR	xInGaAs InSb HgCdTe	1	40	35	AC, F-only single scans since Jun-06
	Feb-10	45.038°S	169.684°E	0.37	125HR	xInGaAs Si InSb HgCdTe	2	20	20	DC, F&R single scan
Nicosia, Cyprus	Aug-31, 2019	35.141°N	33.381°E	0.185	125HR	xInGaAs Si	2	10	10	DC, F&R single scans
Ny-Ålesund, Spitsbergen	Apr-02	78.9°N	11.9°E	0.02	120HR	xInGaAs**	1	20		AC, double scans
Orléans, France	Aug-09	47.97°N	2.113°E	0.13	125HR	xInGaAs Si	2	10	10	DC, F&R single scans
Paris, France	Sep-14	48.846°N	2.356°E	0.06	125HR	xInGaAs InSb HgCdTe	1	40	40	DC, F&R double scans
Park Falls, WI (USA)	May-04	45.945°N	90.273°W	0.44	125HR	xInGaAs Si	2	7.5	10	DC since Jun-06, F&R single scans
Reunion Island	Sept 5, 2011	20.901°S	55.485°E	0.087	125HR	xInGaAs Si InSb MCT	2	10	10	DC, F&R single scans
Rikubetsu, Japan	Nov-13	43.4567°N	143.7661°E	0.380	120/5HR*	xInGaAs Si InSb HgCdTe	2	7.5	10	DC, F&R single scans
Saga, Japan	June-1, 2011	33.240962°N	130.288239°E	0.007	125HRxx	xInGaAs Si InSb HgCdTe	1	7.5	10	DC, F&R single scans
Sodankylä, Finland	Jan-09	67.3668°N	26.6310°E	0.188	125HR	xInGaAs Si InSb	2	10	10	DC, F&R, single scans
Tsukuba, Japan	Dec-08	36.0513°N	140.1215°E	0.03	125HR	xInGaAs Si InSb HgCdTe	2	7.5	10	DC, F&R single scans
Wollongong, Australia	May-08	34.406°S	150.879°E	0.03	125HR	xInGaAs InSb Si	1	10	10	DC, F&R single scans
Zugspitze, Germany	Apr-12 (MIR '95)	47.42°N	10.98°E	2.96	120/5HR*	xInGaAs Si InSb HgCdTe	1	7.5	10	DC, F&R single scans

2. 世界温室气体数据中心（WDCGG）

WDCGG 是在世界气象组织全球大气监测项目的支持下由日本气象厅管理运行的数据中心。目前全球已有 56 个国家和地区参与建立观测站点并贡献观测数据。数据获取除了包含地面固定站点观测外，还包括利用轮船、飞机或高空气球对大气温室气体开展移动观测。目前固定站点有 175 个，移动观测点有 33 个，共 208 个。图 2.2 显示了 WDCGG 的观测站点分布。具体站点信息参见 WDCGG 网站。在 WDCGG 可以获取各观测站点三个时间尺度的大气 CO_2 浓度数据，分别为小时尺度、周尺度和月尺度。

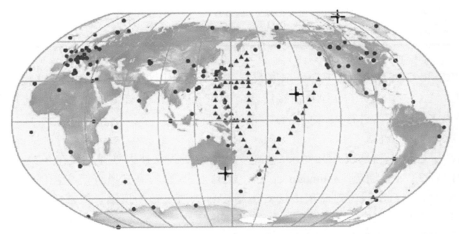

● 地面固定站点观测　　◆ 飞机观测　　▲ 轮船观测　　✚ 高空气球对大气温室气体移动观测

图 2.2　WDCGG 全球观测站点分布图

来源于 2019 年世界气象组织温室气体公告，GHG：Greenhouse Gases

2.2.2　大气二氧化碳浓度主要卫星数据产品

除了上述地基观测的大气 CO_2 浓度数据外，近年来随着卫星遥感技术的迅猛发展形成了多种利用遥感反演得到的大气 CO_2 浓度数据产品，在大气 CO_2 浓度时空分布及源汇研究中占有非常重要的地位。当前主要的卫星观测 CO_2 仪器分为 2 种，一种对红外光谱的探测，主要用于对流层中层 CO_2 信息的提取（位于大气层 500hPa 高度约 5500m），包括搭载在 Aqua 卫星上的 AIRS 传感器，METOp 卫星上的 IASI（infrared atmospheric sounding interferometer）传感器，以及搭载在 Suomi-NPP 卫星上的新一代 CrIS（cross-track infrared sounder）传感器；另一种是对近红外光谱的探测，包括搭载在欧洲 ENVISAT 卫星上的 SCIAMACHY（scanning imaging absorption spectrometer for atmospheric chartography）传感器，搭载在 GOSAT 卫星上的 TANSO（thermal and near-infrared sensor for carbon observation）传感器，以及在 2014 年发射升空的 OCO-2（orbiting carbon observatory-2）。中国首颗 CO_2 监测卫星（碳卫星，TanSat）也于 2016 年 12 月发射，填补了中国在温室气体监测方面的技术空白。

表 2.2 列出了目前应用较广的大气 CO_2 浓度卫星数据产品。主要包括 AIRS 产品、SCIAMACHY 产品、GOSAT 产品和 OCO_2 产品。

表 2.2　基于卫星遥感的大气 CO_2 浓度数据产品

产品参数	AIRS/Aqua Level 3	SCIAMACHY	GOSAT Level 4B	OCO_2 Level 2
时间范围	2002.9～2017.3	2002.10～2012.4	2009.6～2017.10	2014.9 至今
CO_2 柱平均高度范围	对流层中层	全柱	全柱三维廓线	全柱
空间分辨率	2.5°×2°	0.5°×0.5°	2.5°×2.5°	2.25 km×1.29 km
时间分辨率	日、8 天、月	月	6 小时	天
过境时间（当地时）	13：30	10：00	13：00	13：15

AIRS 和 GOSAT 的大气 CO_2 浓度数据产品目前应用最广泛。AIRS 能够代表对流层中层的大气 CO_2 浓度，GOSAT 能够代表全柱和近地面的大气 CO_2 浓度。为此，本章节主要基于这两个产品进行大气 CO_2 浓度时空特征分析。

1. AIRS 卫星数据

搭载于地球观测系统 EOS-Aqua 上的 AIRS 光栅式红外大气探测仪在 3.74～15.4 μm 红外谱段有 2378 个通道（Aumann et al.，2003），具有较高光谱分辨率和信噪比，可用于包括温度、水汽廓线、对流层中层 CO_2 等多种大气参数的反演，能够提供自由大气的浓度信息和宽横向取样信息。AIRS 反演的 CO_2 产品是全球对流层中层（500 hPa）左右一段气柱内的 CO_2 有效气体混合比数据。其二级 CO_2 产品使用偏导数归零法（VPD）算法反演得到，其空间分辨率为星下点 90 km×90 km（Chahine et al.，2005），并应用空间连贯性质量保证测试，不满足质量保证的被写入支持产品。三级 CO_2 产品数据来源于二级 CO_2 标准产品，其多天产品采用逐日数据的算术平均得出，格点分辨率为 2.5°×2°。该产品在有云情况下采用晴空辐射订正方法进行处理，采用临近视场反演结果均方根误差值进行 CO_2 反演结果的质量控制。

然而，AIRS 产品在全球尺度上存在着一定程度的数据缺失，在北极点附近区域及南纬 60°以南地区缺少有效的大气 CO_2 浓度数据。因此，AIRS 数据的空间分布为全球范围 60°S 到 84°N±4°间的海陆地区。

本章选择三级 CO_2 月平均产品数据进行时空变化分析，时间段为 2002 年至 2016 年。该数据可在戈达德地球科学数据和信息服务中心（NASA Goddard Earth Sciences Data and Information Services Center，NASA Goddard DISC）下载获取。

2. GOSAT 卫星观测产品

GOSAT 卫星是全球首颗专门针对温室气体探测的高光谱分辨率卫星，搭载的 TANSO-FTS 共设有 4 个波段，其中在 1.56～1.72 μm 间的短波红外是 CH_4 和 CO_2 探测波段，在 5.56～14.30 μm 的为热红外波段，主要用于反演大气 CO_2、CH_4 廓线。目前其 CO_2 柱平均干空气混合比（XCO_2）的观测精度可达到 1.5 ppm。本章使用的 2010～2015 年的 GOSAT 三级产品是根据二级产品经过 Kriging 插值后得到的全球 CO_2 月平均数据产品，产品网格为 2.5°×2.5°。该数据可在日本国立环境研究所（National Institute for Environmental Studies，NIES）GOSAT 网站下载。

2.3　基于地基观测的大气二氧化碳浓度卫星数据产品验证

应用数据之前基于地基观测数据对 AIRS 产品和 GOSAT 的近地面 CO_2 浓度产品进行精度分析是首要的工作。

2.3.1　大气二氧化碳柱浓度产品的验证分析

为了验证 AIRS 卫星反演的对流层中层 CO_2 浓度数据的可靠性，首先从 WDCGG 观测网络选取了北半球中高纬海拔高度在 3000m 以上并且观测数据相对较为完整的 5 个本底观测站（包括 Mauna Loa，Niwot Ridge，Sonnblick，Summit 和 Waliguan），利用 2003 年 1 月至 2015 年 12 月月平均数据与卫星反演结果进行比较。AIRS CO_2 卫星数据产品使用的 Level 3 级月平均 CO_2 数据[④]。根据地基观测站点的经纬度信息提取对应位置像元的 AIRS CO_2 值进行对比。从图 2.3 中可以清楚地看出，本底观测与 AIRS 卫星反演结果有很好的一致性。表 2.3 给出了瓦里关大气本底站近 13 年本底观测和 AIRS 卫星反演结果年平均增长率、均值、相关系数及其信度水平。结果表明，瓦里关大气本底观测站观测数据与 AIRS 反演结果相关系数高达 0.948，通过了 0.01 显著性水平检验。近 13 年的 CO_2 浓度年增长率本底站观测结果与 AIRS 卫星反演结果分别为 1.926 ppmv/a 和 1.901 ppmv/a，表明 AIRS 卫星产品确实可以较为准确地反映对流层中层 CO_2 浓度。

表 2.3　2003～2015 年瓦里关大气本底站月平均 CO_2 浓度观测值与 AIRS 产品对比

年增长率/（ppmv/a）		均值/ppmv		相关系数	置信水平/%
瓦里关	AIRS	瓦里关	AIRS		
1.926	1.901	338.214	386.989	0.948	99.9

2.3.2　近地面大气二氧化碳浓度产品的验证分析

为了验证 GOSAT 近地面大气 CO_2 浓度数据的可靠性，研究中选择 WDCGG 观测网络的观测数据，利用 2002 年 10 月至 2012 年 4 月月平均数据与卫星反演结果进行比较（图 2.3）。使用的 GOSAT 数据是 Level4B 级产品，提取最接近地面层的 CO_2 浓度数据（大气压 975hPa），并根据 WDCGG 观测站点经纬度信息提取 GOSAT 数据中对应位置像元的 CO_2 浓度反演值，将观测值与反演值进行对比实现精度分析。图 2.4 显示了二者的散点图。整体而言，散点大部分集中于 1∶1 线上，决定系数等于 0.7，均方根误差 RMSE 等于 0.001ppm，绝对误差 bias 等于 –0.12ppm。由此可以证明 GOSAT 近地面 CO_2 浓度产品能够较好地反映真实的近地面大气 CO_2 浓度情况。

---

④ https://airs.jpl.nasa.gov.

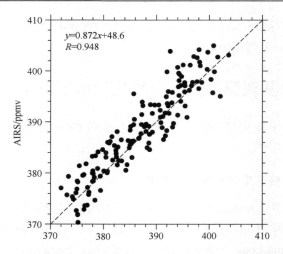

图 2.3　瓦里关本底站观测的月平均 CO_2 浓度值与 AIRS 卫星产品对比

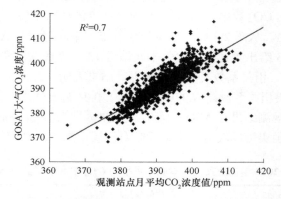

图 2.4　本底站观测的月平均 CO_2 浓度值与 GOSAT 卫星产品对比

2.4　大气二氧化碳浓度的时空分布特征

基于 AIRS 和 GOSAT 的大气 CO_2 浓度数据，研究分析了全球对流层中层和近地面大气 CO_2 时空分布特征。

2.4.1　全球及典型地区对流层中层大气二氧化碳浓度分布特征

1. 典型地区对流层中层大气 CO_2 浓度分布特征

图 2.5 给出了 2003～2016 年 AIRS 卫星反演的多年平均全球对流层 CO_2 浓度分布。从图中可以清楚看出，CO_2 浓度在北半球明显高于南半球，高值地区主要分布在 30°N～60°N 的中国北半部、欧洲地区、美国中东部到加拿大东南部，以及阿拉斯加等地区，形成一条 CO_2 度高值带贯穿整个北半球中高纬地区。这主要是因为该纬度带一方面人口众多，人类活动频繁，有助于这一区域 CO_2 浓度的上升；另一方面大气环流造成的长距离输送也有利于该区域 CO_2 的聚集（Chahine et al.，2008）。另外，在南美洲的里约热内卢、圣保罗到布

宜诺斯艾利斯一带,非洲南部的南非地区、澳大利亚东南部地区至南太平洋中部 CO_2 浓度值也较大,这与南美地区、南非地区和澳大利亚地区的经济发展和人类活动强度分布是相对应的。全球 CO_2 浓度低值中心主要出现在 $15°S\sim15°N$,$140°W$ 向东至 $100°E$ 的低纬地区,形成南半球低纬 CO_2 浓度低值带,其中最小值出现在大西洋海域。全球对流层平均 CO_2 浓度空间分布表明,不同区域 CO_2 浓度出现了明显的非均匀分布。需要说明的是 AIRS 卫星反演得到的 CO_2 浓度数据,体现的是经过大气充分混合后的对流层中层 CO_2 浓度,但并不能够揭示人类活动引起的人为排放或者自然界向大气中输送的自然排放的源特征。

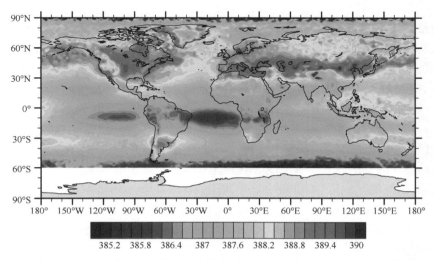

图 2.5 2002 年 9 月至 2016 年 11 月全球对流层中层 CO_2 浓度分布(ppmv)(符传博等,2018)

从全球人类活动影响较大的主要国家和地区来看,典型国家及地区的 CO_2 浓度均高于全球的 CO_2 浓度多年平均值,约为 385 ppm,这也与白文广等(2010)得到的 2003~2008 年 CO_2 浓度在 380 ppm 左右,且呈增加趋势基本吻合。其中 CO_2 平均浓度由大到小依次为日本、美国、加拿大、欧洲、中国、俄罗斯、澳大利亚和印度(表 2.4)。虽然

表 2.4 典型国家及地区的 CO_2 浓度变化统计

	区域		平均值/ppm	月均方差/ppm	年平均增长率/(ppm/a)
	经度	纬度			
澳大利亚	120°E~150°E	30°S~20°S	384.23	0.70	2.01
加拿大	130°W~90°W	50°N~65°N	385.09	1.74	1.99
中国	90°E~120°E	22°N~42°N	385.05	1.03	1.96
印度	72.5°E~85°E	14°N~30°N	384.22	0.78	1.98
日本	127.7°E~145.8°E	26°N~45.5°N	385.25	1.34	1.93
俄罗斯	45°E~135°E	56°N~70°N	384.77	1.61	2.06
欧洲	0°~30°E	40°N~60°N	385.08	1.07	1.96
美国	122.5°W~72.5°W	33°N~48°N	385.19	0.97	1.97
全球	—	60°S~88°N	384.25	0.72	2.00

AIRS 观测得到的是受大气环流影响，CO_2 浓度已经充分混合的结果，不能够完全揭示人类或者自然 CO_2 源排放的特征，但在一定程度上可以表征该地区人为和自然综合作用下的 CO_2 浓度。

2. 对流层中层大气 CO_2 浓度的季节与年际变化特征

2003～2016 年间，全球及典型国家和地区的年平均 CO_2 浓度均呈现逐年增长的趋势（图 2.6），全球年平均 CO_2 浓度从 2003 年的 371.08 ppm 上升至 2016 年的 396.59 ppm，增加幅度达 6.87%，年平均增长率为 2.00 ppm/a。全球最高值（397.69 ppm）出现在 2016 年 4 月，最低值（368.87 ppm）出现在 2013 年 1 月。具体到典型国家及地区，俄罗斯的年平均增长率最高（2.06 ppm/a），其次是澳大利亚（2.01 ppm/a）、加拿大（1.99 ppm/a）。这一结果与白文广等（2010）的结果进行对比可知，这些典型国家及地区的 CO_2 平均浓度仍处在逐年增加的趋势，但其年平均增长率却在逐年降低。此外，虽然俄罗斯和澳大利亚地区多年 CO_2 浓度较低，但其增长率相对其他地区依旧较高，与之形成鲜明对比的是多年 CO_2 平均浓度最高的日本，年平均增长率却是这些国家和地区最低的（表 2.4）。如果这一趋势持续下去，可以预计俄罗斯和澳大利亚的 CO_2 平均浓度将逐渐超过日本。

从变化的空间格局上看，研究时段内，全球年平均 CO_2 浓度在栅格尺度上也均呈现逐年增长的趋势（图 2.6），北半球 CO_2 浓度的增长速度要高于南半球，其中年平均增长率低于 1.9 ppm/a 的低值区在北半球主要分布于我国的青藏高原、美国阿拉斯加、加拿大东北部地区，以及太平洋和大西洋北部，在南半球主要分布在 55°S～60°S 范围，形成了一条明显的低值带，该区域同时也是全球多年 CO_2 浓度平均值的低值区。而年平均增长率高于 2.1 ppm/a 的高值区主要分布在北半球高纬度地区（75°N 以北），其中陆地的高值区主要集中于西伯利亚地区。已有研究表明（Schaefer et al.，2011；Zimov et al.，1996），北半球高纬度地区的冻土层是巨大的土壤碳库，随着全球变暖，尤其是冬季增温和冻土层的融化，使得土壤中存储的有机碳通过土壤呼吸作用大量释放，从而导致西伯利亚地区的 CO_2 的年平均增长率偏高。此外，大部分 CO_2 的年平均增长率呈现着比较明显的纬度分布规律（图 2.7），

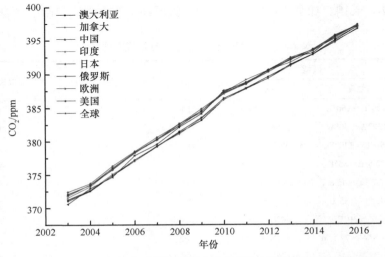

图 2.6　2003～2016 年全球及典型国家和地区年平均 CO_2 浓度变化趋势

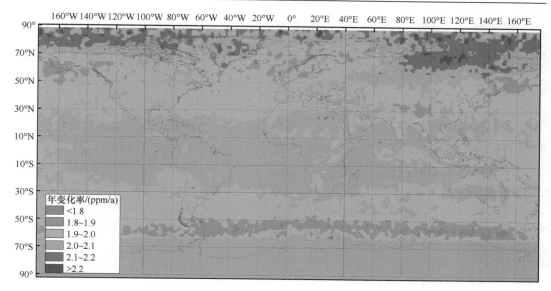

图 2.7　2003～2016 年全球 CO_2 年平均增长率分布状况

约占全球面积 39.09%的区域年平均增长率在 1.9～2.0 ppm/a 范围内，主要集中于人类活动密集的中纬度地区，约占全球面积 49.79%的区域年平均增长率在 2.0～2.1 ppm/a 范围内，主要集中于低纬度地区，因此研究不同典型区的非均匀 CO_2 具有重要科学意义。

选取 2003～2016 年作为研究时段，并将月平均气温资料处理成季节温度进行对比分析，按照北半球春季（3～5 月）、夏季（6～8 月）、秋季（9～11 月）和冬季（12～2 月）进行划分。

受陆地、海洋生态系统吸收与排放 CO_2 的影响，以及人类活动（如冬季取暖等）、工业生产的共同作用（Tiwari et al.，2006；白文广等，2010），全球及典型国家和地区的大气 CO_2 浓度变化呈现出明显的季节变化特征（图 2.8）。北半球由春季至秋季 CO_2 浓度

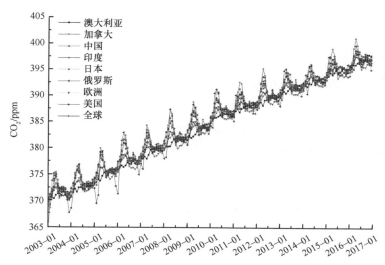

图 2.8　2003～2016 年全球及典型国家和地区年平均 CO_2 浓度变化趋势

呈现递减趋势，而南半球的变化趋势与北半球相反，但 CO_2 浓度波动较少。海洋及陆地区域的平均浓度具有相似的时间波动特征，但在大部分同纬度区域陆地始终高于海洋区域。

　　整体而言，北半球多年月平均 CO_2 浓度最高值多出现在 4、5 月份，最低值则常出现在 7、8 月份（图 2.9）。在夏秋季节，植物枝叶茂盛，强烈的光合作用使得固碳作用增强，大气中 CO_2 浓度逐渐下降，至 8 月左右降至最低。而冬春季节植物枯萎、光合作用减弱，加上冬季供暖（化石燃料燃烧）、土壤呼吸增强等因素，导致 CO_2 浓度一直维持在较高水平（何茜等，2012），由于地表 CO_2 输送到大气对流层需要一段时间，垂直气体交换存在着滞后现象，在 4、5 月左右达到最高值。而南半球的变化趋势则与北半球相反。由于南半球陆地面积少，陆地生态系统对 CO_2 的影响程度低，人类活动的扰动也相对较少，其季节变化的幅度（382.28～384.49 ppm）较北半球低（382.71～386.81 ppm）。

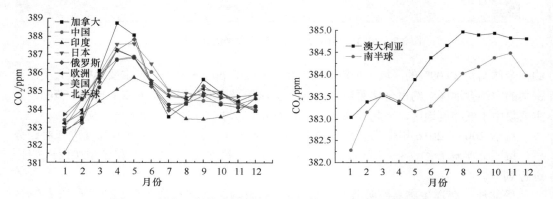

图 2.9　全球及典型国家和地区多年月平均 CO_2 浓度的变化趋势

　　不同地区的季节波动趋势也有所不同，分析几个地区的月均方差可以看到，俄罗斯、加拿大的季节波动比较明显（表 2.4），而澳大利亚和印度的季节波动较弱，这有可能与地区所处的纬度带不同有关。纬度带影响了陆地生态系统吸收和排放 CO_2、人类活动，以及土壤呼吸的程度，进而直接影响了该地区 CO_2 浓度的季节波动。

2.4.2　全球与典型地区近地面大气二氧化碳浓度分布特征

　　1. 近地面大气 CO_2 浓度空间分布特征

　　图 2.10 显示了 2010～2015 年 GOSAT 的近地面大气 CO_2 浓度的年均值空间分布。图中显而易见，全球范围 CO_2 浓度年均值在 390～404ppm 变化。北半球明显高于南半球，这与 AIRS 的对流层中层 CO_2 浓度具有一致性。同时，GOSAT 数据显示东亚、西欧、美国东部和刚果雨林地区 CO_2 浓度明显高于其他地区，这是 AIRS 的对流层中层数据无法显示出来的。由此说明近地面的 CO_2 浓度可能受人为排放影响明显。为了证明这个推断，利用 ODIAC（open-source data inventory for anthropogenic CO_2）的人为碳排放数据进一步分析了近地面 CO_2 浓度与人为碳排放量的对应关系。

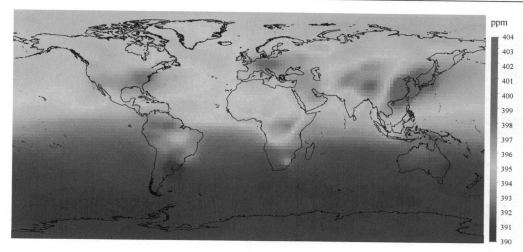

图 2.10　近地面大气 CO_2 浓度年均值分布图（2010～2015 年）

　　图 2.11 显示了 2010～2015 年间全球范围内人为碳排放量年平均值空间分布。很明显，排放高值区主要集中在三个区域，分别是美国东部，东亚和西欧。这与图 2.10 给出的 CO_2 浓度高值分布具有很好的一致性，由此说明 GOSAT 的 CO_2 数据对于监测人为碳排放情况具有重要作用。进一步，利用密度分割方法对 GOSAT 的 CO_2 浓度数据进行分级，并计算每级 CO_2 浓度平均值与人为碳排放全球平均值，二者的散点图如图 2.12 所示。图中显示，随着人为碳排放量的增加 CO_2 浓度也明显增加。需要说明的是在人为碳排放很少的地区（对应图 2.12 中 CO_2 浓度分级图的红色、绿色和蓝色区域）CO_2 浓度也有显著变化，这是由于大气环流的作用而不是人为排放的结果。

　　2. 近地面大气 CO_2 浓度的季节与年际变化特征

　　从近地面大气 CO_2 浓度的变化趋势上（图 2.13 和图 2.14）可以看出，2010～2015 年间，近地面 CO_2 浓度逐年增加，从 2010 年的 388ppm 增加到接近 400ppm。在增长的幅度上，图 2.14 显示出增加较小的区域主要是中国的东北部和青藏高原，南美洲北部和非洲中西部。大气环流、人为排放、海洋和植被的调节作用是导致 CO_2 浓度区域差异的主要原因。

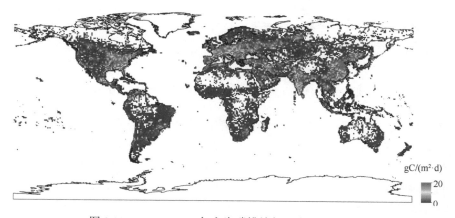

图 2.11　2010～2015 年人为碳排放年平均值空间分布

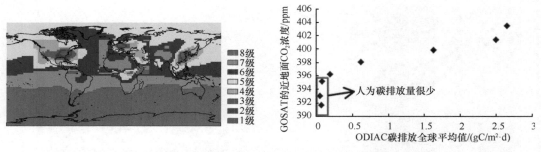

图 2.12　CO_2 浓度密度分割图（左）及各级与人为碳排放的关系（右）

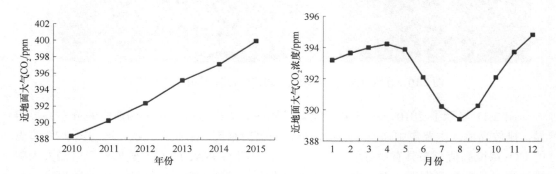

图 2.13　2010～2015 年间全球近地面大气 CO_2 浓度平均值逐年变化（左）及逐月变化（右）

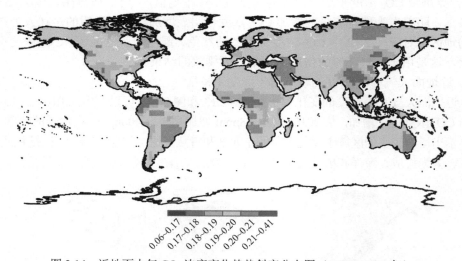

图 2.14　近地面大气 CO_2 浓度变化趋势斜率分布图（2010～2015 年）

　　从季节上，受陆地植被碳同化作用的影响，夏季 CO_2 浓度值较低，冬季较高。CO_2 浓度值具有明显的季节变化。图 2.13 给出了 2010～2015 年间全球近地面大气 CO_2 浓度平均值逐月变化，明确显示出夏季 CO_2 浓度的低值。图 2.15 进一步清晰地给出了 2010～2015 年间近地面大气 CO_2 浓度月均值在全球的空间分布。显然，北半球陆地部分在 6～9 月份 CO_2 浓度值明显低于其他月份，1～4 月具有明显的高值，其次是 5 月、12 月和 11 月。南半球每月 CO_2 浓度值明显低于北半球，在月尺度上变化不大。在具体区域上，与其他地区相比，东亚在所有月份都呈现出 CO_2 的高值。西欧和美国东部在 5~9 月出现了 CO_2 的低值，尤其在 7 月和 8 月，而在其他月份具有 CO_2 的高值。俄罗斯在 6~8 月 CO_2 的低值非常明显，尤其是东部地区。南半球的亚马孙雨林和刚果雨林在 6~10 月与其他月份相比 CO_2 值较高。6~10 月对应于南半球的冬季，因此植被的碳吸收作用较弱，这可能是造成近地面 CO_2 高值的主要原因。

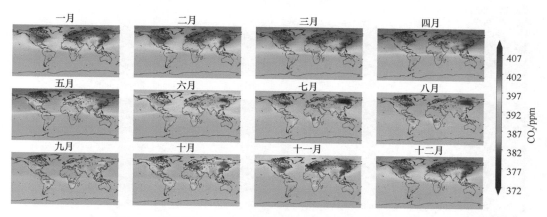

图 2.15　近地面大气 CO_2 浓度月均值分布图（2010~2015 年）

为了更清晰地展现全球近地面 CO_2 浓度的季节变化，去掉 CO_2 的增加趋势再计算 CO_2 的变异系数得到图 2.16 所示的 2010~2015 年全球近地面大气 CO_2 浓度变异系数平均值分布图。图中可见，季节变异系数最大的区域是俄罗斯地区，尤其是东部。其次是美国东部和西欧，再次是加拿大。这与图 2.15 显示的这些地区明显的 CO_2 浓度季节差异相对应。变异系数最小的区域是北非、南亚、澳大利亚，以及南美洲西部和南部。

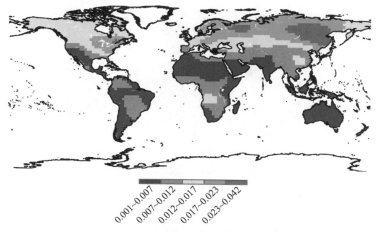

图 2.16　近地面大气 CO_2 浓度变异系数年平均值分布图（2010~2015 年）

3. 典型区域近地面大气 CO_2 浓度的异常分析

为了分析图 2.11 中显示的三个人为碳排放高值典型区域与其周边区域 CO_2 浓度的差

异对比，本节确定了三个研究区进行区域异常分析，分别为美国东部、西欧/北非和东亚，如图 2.17 中显示的范围。我们针对每个研究区分别计算 CO_2 浓度的异常分布和人为碳排放的异常分布，进行了 CO_2 浓度的年季异常分析，从而对比确定人为碳排放使得区域 CO_2 浓度变化的幅度。

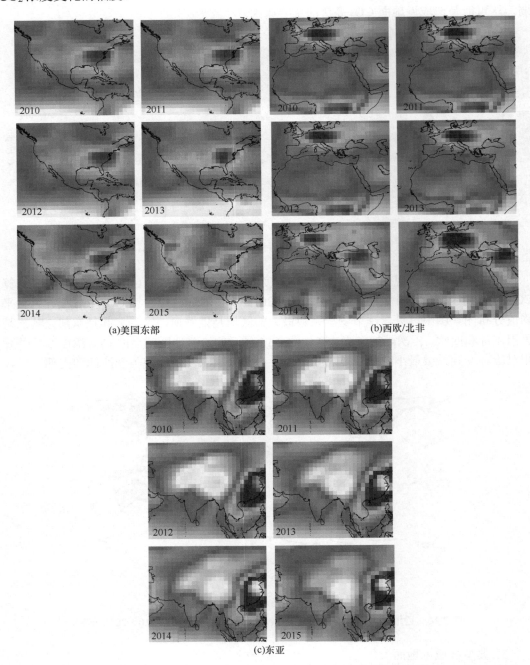

图 2.17　2010～2015 年三个区域 CO_2 浓度年异常值空间分布

1）CO₂ 浓度年异常分析

图 2.17 分别显示了三个研究区 2010～2015 年 CO₂ 浓度年异常值分布。可以看出美国东部、西欧/北非和东亚在这 6 年时间内 CO₂ 浓度一直处于年异常的高值，且年度变化不大。这三个高值区域对比，东亚的 CO₂ 浓度异常最高，其次是西欧/北非，再次是美国东部。具体值的对比见图 2.18，2010～2015 年东亚、西欧/北非和美国东部的 CO₂ 浓度异常平均值分别为 7.9ppm，3.3ppm 和 2.4ppm。另外，阿拉伯半岛 2014～2015 年 CO₂ 浓度异常明显增高，美国西部沿海 2014 年和 2015 年 CO₂ 浓度异常有所增加，印度半岛也呈逐年增加的趋势。

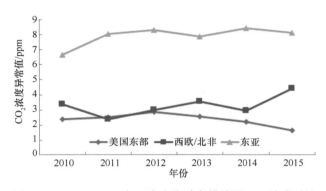

图 2.18　2010～2015 年三个人为碳高排放区 CO₂ 浓度对比

上文给出了 CO₂ 浓度与人为碳排放的直接关系，为进一步说明二者的直接关系，在此给出了三个研究区 CO₂ 浓度异常分布与人为碳排放异常分布的关系。首先求得 2010～2015 年三个研究区 CO₂ 浓度异常的平均值，然后密度分割进行分级，按级统计二者的关系。图 2.19 给出了它们的 CO₂ 浓度异常分级图及与人为碳排放异常的关系图。与图 2.12 相似，三个研究区的 CO₂ 浓度异常都随着人为碳排放异常的增加而增加。亚洲区域及西欧/北非区域呈显著的线性增加，美国区域在人为碳排放异常很小的地区（对应图 2.19 中 CO₂ 浓度异常分级图的红色、绿色和蓝色区域，大部分为海洋），CO₂ 浓度异常仍有显著差异。原因与图 2.12 的解释类似，大气环流作用导致 CO₂ 浓度的差异。

2）CO₂ 浓度月异常分析

图 2.20 分别显示了三个研究区 CO₂ 浓度月值异常的空间分布。从月异常值的分布情况可以看出，与年异常空间分布类似，同样，美国东部、西欧/北非和东亚月异常变化很大。美国东部 1～3 月和 10～12 月具有显著的高异常值，而 6～8 月具有显著的低异常值，4～5 月是从高异常到低异常的过渡期，9 月是从低异常到高异常的过渡月。东亚地区一年四季都是 CO₂ 浓度异常高值区。西欧/北非地区，在秋冬季节（1～3 月和 10～12 月）具有 CO₂ 浓度的异常高值，而在 5～8 月的夏季具有 CO₂ 浓度的异常低值。夏季 CO₂ 浓度的低异常值与夏季茂盛的植被对 CO₂ 的强吸收作用有关，也与海洋的 CO₂ 夏季高于陆地有关。另外，根据 ODIAC 的碳排放数据月变化（图 2.21）显示，美国东部和西欧/北非地区的人为碳排放在夏季也略低于冬季。因此三个人为高排放区在夏季出现 CO₂ 异常值比冬季降低，甚至在美国东部和西欧/北非出现明显的低异常值。这两

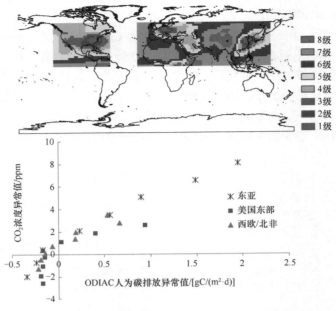

图 2.19　三个典型区域 CO_2 浓度异常分级（上）及与人为碳排放异常的关系（下）

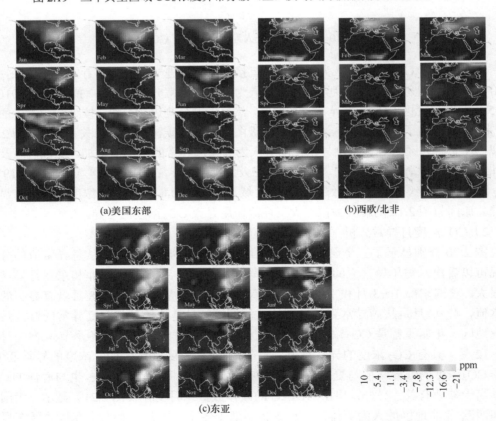

图 2.20　2010～2015 年三个研究区 CO_2 浓度月异常平均值空间分布

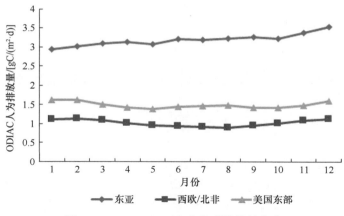

图 2.21　2010～2015 年人为碳排放月变化

个区域的低异常值也说明在夏季两个区域的碳排放量能够被极大地抵消削弱，而在东亚夏季植被的碳吸收作用不足以抵消人为排放的强度。

为定量对比 CO_2 浓度异常，图 2.22 给出了上述三个人为高排放区 CO_2 浓度异常值的月变化曲线。图中可见，美国东部 CO_2 浓度异常值年度变化在–7～7ppm，夏季达到最低值，冬季达到最高值。类似地，西欧/北非地区 CO_2 浓度异常值年度变化在–5～9ppm，同样是夏季达到最低值，冬季达到最高值。东亚 CO_2 浓度异常值年度变化在 4～10ppm，全年都具有 CO_2 浓度异常高值。

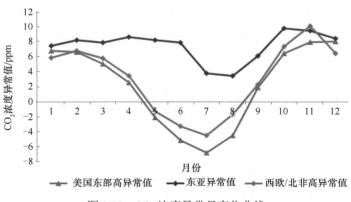

图 2.22　CO_2 浓度异常月变化曲线

第 3 章　非均匀二氧化碳的气候效应模拟

3.1　引　　言

  CO_2 是一种在大气中长时间存在的温室气体,了解 CO_2 浓度在全球范围内的分布和变化对于理解其对气候变化的影响非常重要。由于化石能源利用和森林砍伐等大规模人类活动的影响,18 世纪以来,大气中的 CO_2 浓度一直在稳步上升(Luthi et al.,2008)。工业革命前 CO_2 的浓度约为 280ppm,并且该浓度持续了数千年。根据世界气象组织(WMO)温室气体公报,2021 年 8 月全球 CO_2 平均浓度达到 416 ppm,明显高于 2016 年的 403.3 ppm[⑤]。全球耦合模式比较计划(CMIP)系列试验设定的不同排放情景(如 CMIP5 的 RCP2.6、RCP4.5、RCP6.0、RCP8.5,以及 CMIP6 的 SSP 情景),到 2100 年 CO_2 浓度将达到 490～1260 ppm(Chaplot,2007)。

  目前,全球监测 CO_2 的地面观测站点不足 300 个,并且这些站点的分布区域非常不均匀,大多数站点分布在发达国家和人口稠密地区(Chen et al.,2015)。尽管观测站点的数量在不断增加,但这些站点有限的三维空间信息给定量理解 CO_2 的源汇及对气候变化的影响带来很大局限。卫星遥感数据可以提供温室气体区域到全球的空间分布型,并且具有序列稳定、观测时间长、空间覆盖大、可三维监测等优势,能够弥补基站的不足,提高对碳循环和气候变化的认识,在近几十年来成为一个新的研究领域(Shi et al.,2010)。

  实际上,第 1 章和第 2 章表明大气 CO_2 浓度的分布具有明显的空间差异,而且随着季节会产生变化。大气 CO_2 浓度较低的地区主要位于北半球的高纬度地区,以及遥感卫星测量范围内的最南端(50°S～60°S)。卫星观测到的空间 CO_2 浓度差异变化约 10 ppm,而中纬度北部的季节性变化可能超过 20 ppm(Cao et al.,2019)。虽然约 10 ppm 的空间差异变化仅导致 $0.1～0.2 \ W/m^2$ 的辐射强迫差异,但有研究将北极变暖比地球其他地方快 2～3 倍归因于局部升高的 CO_2 浓度(Stuecker et al.,2018)。这表明地球系统对非均匀分布 CO_2 的响应可能对温度、湿度和大气环流变化起着重要的作用。

  要了解温室气体对气候变化的影响,仅对卫星观测到的 CO_2 进行空间特征和时间序列的分析是不够的,许多研究已经通过数值模拟来研究 CO_2 的影响(Curry et al.,1990;Lobell and Burke,2010;Pruess,2004;Pruess et al.,2004;Xu et al.,2004;Navarro et al.,2018;Xie et al.,2018;Zhang et al.,2019a)。然而,以往的数值模拟并不能有效提供 CO_2 时空不均匀性引起的气候响应规律和机理。这是因为在传统的全球气候模式中,CO_2 浓度在全球尺度上认为是均匀分布的,而月尺度的数据是在模式中通过线性插值得到的。已有研究对非均匀 CO_2 浓度影响的模拟试验是用 CO_2 排放驱动地球系统模式(earth system model,ESM)来进行的(Friedlingstein et al.,2014),在这种情况下大气中的 CO_2 浓度

---

⑤　https://climate.nasa.gov/vital-signs/carbon-dioxide/

是通过模式模拟计算出来的，由于不同模式的模拟结果互不相同，所以很难对比全球平均 CO_2 浓度相同情形下非均匀 CO_2 分布与均匀分布对气候变化影响的差异。

因此，将实际时空非均匀动态分布的 CO_2 浓度引入地球系统模式，对全球和区域的气候效应和增温影响进行模拟评估具有重要的科学意义。

3.2 CMIP5 浓度驱动的历史试验与排放驱动的 ESM 历史试验对比

CMIP5 历史试验（historical）所有全球模式均以逐年变化的全球平均温室气体（包括 CO_2、CH_4、N_2O 和 CFC）的浓度作为强迫来模拟全球历史时期（1850～2005 年）的气候变化，CO_2 浓度没有空间变化，只有逐年变化。而 esmHistorical 试验则是海洋、陆面、海冰和大气各分量模式具有完整碳循环过程并可进行相互交换和作用的地球系统模式（ESM），以具有全球时空分布的 CO_2 排放为驱动来模拟全球气候变化，其中 CO_2 浓度为模式的预报量，具有时间变化和三维空间分布。所有 ESM 模式所用的 CO_2 排放数据是统一的，但各模式模拟的 CO_2 分布由于其大气环流、物理过程与生物化学过程不同而各不相同。相对于 historical 试验来说 esmHistorical 模拟结果可以反映非均匀 CO_2 分布对气候变化的影响作用。对于同个模式，浓度驱动的 historical 试验与排放驱动的 esmHistorical 试验，虽然其全球平均的 CO_2 浓度逐年变化曲线并不一致，但可以在一定程度上反映非均匀 CO_2 分布对气候变化和增温的影响。

3.2.1 驱动 esmHistorical 试验的二氧化碳排放数据

图 3.1 为 1861～1880 年平均、1986～2005 年平均、1861～2005 年所有年份平均，以及 2005 年全球化石燃料燃烧所产生的 CO_2 排放的空间分布。从整个历史时期来看，美国和欧洲等发达国家和地区的 CO_2 排放量最大；从近几十年来看，欧洲、美国、中国

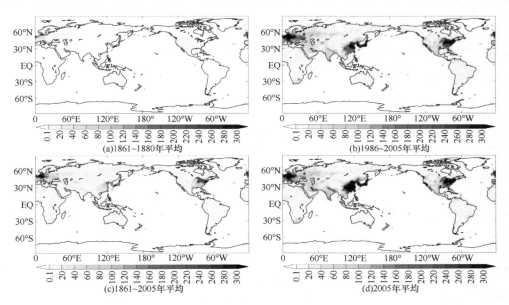

图 3.1 化石燃料燃烧产生的 CO_2 年排放总量（单位：gC/m^2）

和日本是 CO_2 排放量最大的区域。图 3.2 所示为全球和中国区域平均的化石燃料燃烧与土地利用所引起的 CO_2 排放的长期变化趋势，及全球平均 CO_2 排放的季节变化。从全球平均来看，二战以后工业排放迅速增加，而中国的工业 CO_2 排放从 1970 年代末改革开放以来迅猛增加。从季节变化来看，CO_2 排放在冬春较大，夏季相对较少。

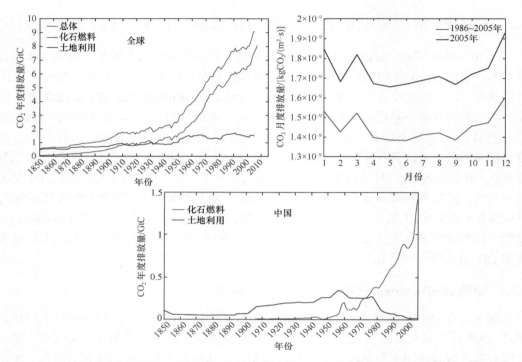

图 3.2　化石燃料和土地利用引起的 CO_2 排放长期（1850～2005 年）变化及季节变化

3.2.2　esmHistorical 试验模拟的二氧化碳时空分布及其变化

本研究分析对比了 7 个同时开展 esmHistorical 和 historical 试验的 CMIP5 模式，模式信息如下表 3.1 所示。

表 3.1　同时开展 esmHistorical 和 historical 试验的 7 个 CMIP5 模式信息

模式名称	水平分辨率	研究机构（国家）
BNU-ESM	2.8°×2.8°	BNU（中国）
GFDL-ESM2G	2.5°（lon）×2°（lat）	NOAA GFDL（美国）
GFDL-ESM2M	2.5°（lon）×2°（lat）	NOAA GFDL（美国）
MIROC-ESM	2.8°×2.8°	MIROC（日本）
MPI-ESM-LR	1.875°×1.875°	MPI（德国）
MRI-ESM1	1.125°×1.125°	MRI（日本）
NorESM1-ME	2.5°（lon）×1.875°（lat）	NCC（挪威）

注：lon 表示经度；lat 表示纬度

　　图 3.3 为各模式 esmHistorical 试验模拟的 1986～2005 年整层大气平均 CO_2 浓度的空间距平分布及与 AIRS 卫星资料的对比情况，其中卫星资料为 2004～2011 年 AIRS 卫星观测结果。图 3.4 为模式模拟的 CO_2 浓度长期变化趋势以及季节变化情况（其中 Uniform 为驱动 historical 试验采用的全球平均单一 CO_2 浓度）。可以看出，北半球中高纬度 CO_2 浓度较高，南半球浓度较低，全球范围变化幅度大致在 6ppmv。根据空间标准差计算结果，全球 CO_2 浓度的空间变率大致为 0.2～1.8ppmv。从季节变化来看，CO_2 浓度在 5 月前后最大，在 8 月前后最小。模式 esmHistorical 试验模拟的 CO_2 空间分布和季节变化主要特征与 AIRS 卫星观测结果比较一致。

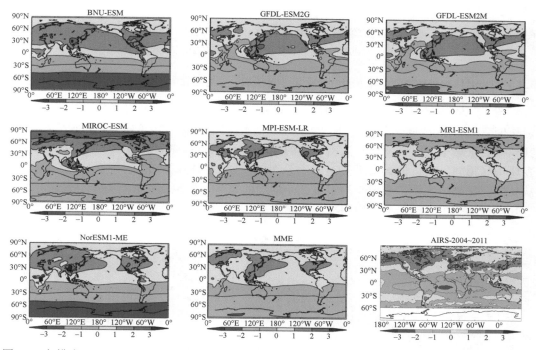

图 3.3　各模式 esmHistorical 试验模拟的 1986～2005 年整层大气平均 CO_2 浓度（ppmv）的空间距平分布以及与 AIRS 卫星资料对比情况

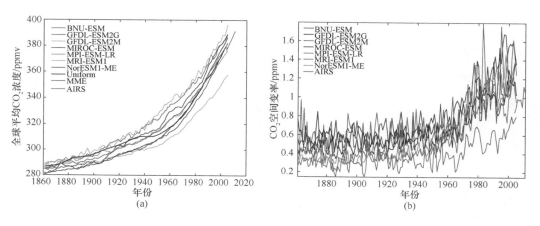

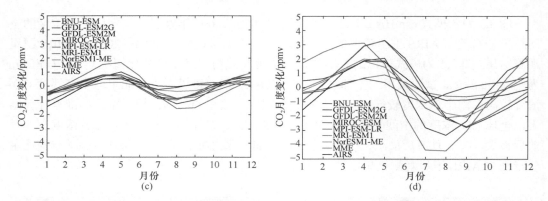

图 3.4　各个模式 esmHistorical 试验模拟的 CO_2 浓度（a）和空间变率 [标准差，（b）] 的长期变化；以及全球 1986～2005 年（c）和中国（d）区域 CO_2 浓度的季节变化

3.2.3　esmHistorical 试验与 historical 试验模拟的气温变化对比

图 3.5 为 historical 试验和 esmHistorical 试验模拟的全球平均地面气温的年际与年代际长期变化。ESM 试验以 CO_2 排放作为驱动，包含完整的大气–陆地–海洋碳循环过程，其模拟的全球平均温度变化与浓度驱动的 historical 试验总体来说基本一致，但各模式的表现不尽相同，同一模式由于 CO_2 时空分布的差异，两种试验的模拟结果也存在差异。从长期变化趋势来看，全球平均温度处于增加的态势，但也存在年代际振荡特征，特别是几次大的火山活动，会产生明显的降温效果。

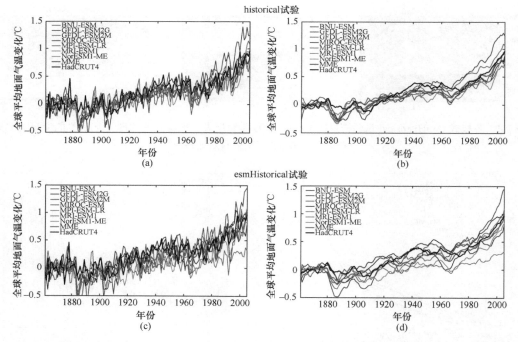

图 3.5　各个模式 historical 试验（a）和 esmHistorical 试验（c）模拟的全球平均地面气温变化（相对于 1861～1880 年平均的距平），（b）和（d）分别为 historical 和 esmHistorical 试验对应的 7 年滑动平均结果

图 3.6 和图 3.7 分别为 historical 试验和 esmHistorical 试验各模式模拟的全球增温的空间分布（1986～2005 年与 1861～1880 年平均气温之差）。两类试验模拟的增温的空间分布非常相近，北半球和南半球中高纬度地区增温明显，特别是北半球，多模式集合平均 MME 结果在 1.2℃以上，不同模式模拟的增温幅度存在较大差别，例如在 esmHistorical 试验中 GFDL-ESM2G 与 GFDL-ESM2M 模拟的气温在印度到东亚的差异能接近 1℃。

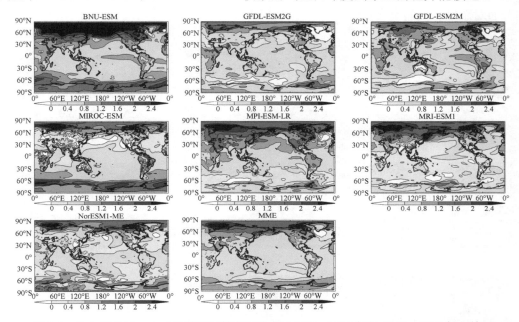

图 3.6　各个模式 historical 试验增温的空间分布（1986～2005 年与 1861～1880 年之差）

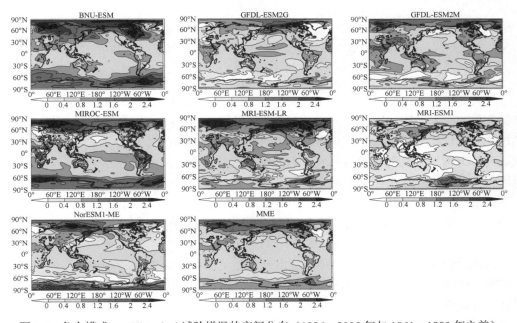

图 3.7　各个模式 esmHistorical 试验增温的空间分布（1986～2005 年与 1861～1880 年之差）

　　图 3.8 为各个模式 esmHistorical 试验与 historical 试验增温之差的空间距平（1986～2005 年与 1861～1880 年平均气温之差），此图旨在对比分析各模式本身模拟的增温对 CO_2 空间非均匀分布的响应，但从图中可以看出，各模式差别非常大，而且增温变化显著区域与图 3.3 中 CO_2 浓度空间分布并不对应。各个模式所反映出的增温异常很可能是由于气候系统内部变率（气候系统对 CO_2 变化引起的响应）引起的，并非 CO_2 空间非均匀分布对温度影响的真实反映。

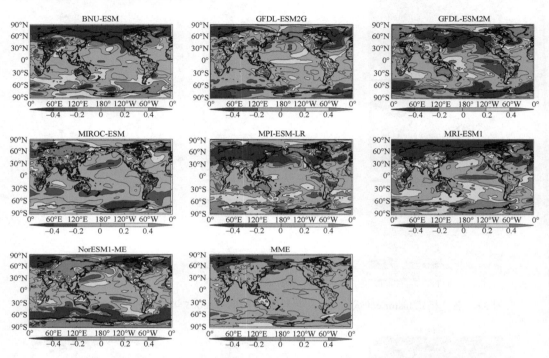

图 3.8　各个模式 esmHistorical 试验与 historical 试验增温之差的空间距平（1986～2005 年与 1861～1880 年之差）

　　利用 esmHistorical 试验与 historical 试验进行对比，很难区分出 CO_2 时空非均匀性对气候变化的影响，因为即使同一模式，两个试验的全球平均 CO_2 浓度并不一致。因此，利用地球系统模式，引入全球非均匀分布的 CO_2 浓度数据作为强迫场，开展模拟试验，以区分 CO_2 时空非均匀性对气候变化的影响具有必要性和紧迫性，同时能够为进一步分析这种气候变化对碳循环的影响提供基础。

3.3　基于地球系统模式的非均匀 CO_2 分布气候效应模拟试验

　　人类活动导致大气中温室气体浓度上升，是全球气候变暖的主要原因之一，CO_2 作为温室气体的重要成员，其非均匀分布对全球气候特别是增温进程的影响作用在以前的研究中开展甚少。在本研究中，非均匀 CO_2 强迫对全球气候变化及增温影响的模拟研究主要是通过在地球系统模式 BNU-ESM 开展相关模拟试验来完成。

我们利用 BNU-ESM 分别开展了均匀 CO_2 与非均匀 CO_2 分布情形下历史气候变化模拟和未来气候变化预估试验。本章在对 CO_2 强迫数据及试验方案进行介绍之后，对比分析非均匀 CO_2 和均匀 CO_2 试验的降水、蒸发和土壤湿度及部分高空场（风场与温度场）的模拟结果，下一章主要对气温和相关的辐射通量进行对比分析。

3.3.1　地球系统模式 BNU-ESM 介绍

地球系统模式是研究全球气候、生态与环境变化及进行未来气候预测或预估的重要工具，相对于气候系统模式包含更多的生物地球化学过程。北京师范大学地球系统模式 BNU-ESM（Beijing Normal University - Earth System Model）是以北京师范大学全球变化与地球系统科学研究院为主联合国内外多家研究机构共同开发，以北京师范大学自主研发的陆面过程模式 CoLM 为核心，通过耦合器技术，将海洋、陆地、大气和海冰四个分量模式进行耦合，包含海陆气碳循环过程的地球系统模式（图 3.9）。

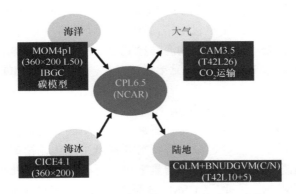

图 3.9　地球系统模式 BNU-ESM 框架示意图

该地球系统模式耦合器采用 NCAR CPL 6.5，是在美国国家大气科学研究中心（National Center for Atmospheric Research，NCAR）的 CPL 6 基础上发展而来的，依据所耦合的各个分量模式的需要，修改其耦合通量及与各分量模式间的数据传递接口模块，从而实现海洋和大气、大气和陆面交互界面之间能量和物质的交换，并实现碳等元素在各分量模式之间的循环，从而完成全球动态碳循环的模拟。

陆面分量模式采用公用陆面过程模式 CoLM（common land model），该模式结合了 BATS、IAP94 及 LSM 等国内外陆面过程模式的优点发展而来，在国际上被广泛应用，除了具备一般陆面模式的所有生物物理功能模块外，还包括碳–氮耦合生物地球化学模块。CoLM3 动态植被及陆地碳循环模块为基于 LPJ（lund postdam jena）动态植被模式的 BNUDGVM（C/N）。其中 BNUDGVM（C/N）方案相对 LPJ 动态植被模式增加了常绿灌木、温带落叶灌木、北方灌木三种新的植被功能类型（plant functional type，PFT），可以更好地模拟植被物种间的竞争和演替；相对 LPJ 植被模式中陆地碳的方案，BNUDGVM（C/N）极大地改善了植被碳库、凋谢物碳库、土壤碳库的描述及各碳库之间相互转化的描述，也更好地维持了陆地生态系统碳库的守恒。

大气分量模式是基于 2007 年 11 月 NCAR 发布的通用大气模式（community atmospheric model，CAM 3.5）（Collins et al.，2004）的基础上发展而来，其中大气化学传输模块采用对流层臭氧及相关痕量气体化学传输模式（model of ozone and related chemical tracers，MOZART）（Horowitz，2003），考虑了对流层臭氧、温室气体、气溶胶等物种的传输过程及其辐射强迫效应；在此基础上，改进了积云对流参数化方案，并完善 CAM3.5 火山气溶胶模块，考虑火山爆发释放的气溶胶等自然因素对历史时期气候的影响；同时完善 CAM3.5 模式的 MPI+OpenMP 两级并行计算方式，突破大气分量模式 T42 分辨率下的计算瓶颈，进而提高 BNU-ESM 整体运行性能，实现 T42 分辨率下 BNU-ESM 模式千核 CPUs 的使用，结合优化组合方案获得较高的计算速度。

海洋分量模式采用美国地球流体动力学实验室（Geophysical Fluid Dynamics Laboratory，GFDL）的 MOM4p1 版本（Griffies et al.，2009），其海洋物理过程包括非包辛尼克近似取代刚盖近似，保证质量守恒，使海面高度可用模式预报；采用状态方程计算密度时综合考虑位温、盐度和压力的影响；同时拥有较高的模式分辨率，在赤道海区（10°N～10°S）模式网格分辨率可达 1/3°；采用三极网格，在北半球区域有两个极点，在全球和区域海洋模拟中被广泛应用，是当前最优秀的海洋模式之一。在 BNU-ESM 模式发展过程中，改善了海洋生物化学方案 iBGC，并与兄弟科研单位一起改进了 MOM4p1 模式的并行效率等问题。

海冰分量模式采用洛斯阿拉莫斯国家实验室（Los Alamos National Laboratory，LANL）海冰模式 CICE 4.1，其中包含计算冰雪增长率的热力学模型，预测冰速的冰动力学模型，描述冰表面积浓度、柱浓度等特征要素量平流传输模型，以及基于能量平衡和应力平衡的参数化方案，以研究不同情景下极区海冰，尤其是北冰洋海冰变化情况及其对整个气候系统的影响。不同于 CCSM 3.5 采用 POP2 海洋分量模式与 CICE 海冰分量模式的组合，BNU-ESM 在模式发展过程中，由于采用 GFDL 的 MOM4p1 作为海洋分量模式，因此需要解决海洋分量模式 MOM4p1 与海冰分量模式 CICE 4.1 间耦合问题，尤其是 CICE 模式网格结构改变引起的动力不稳定和热力不稳定问题。

在 CMIP5 模式比较计划中，BNU-ESM 模式中大气和陆面分量模式采用 T42 分辨率，在中纬度地区大约相当于 250km，海洋和海冰模式采用 gx1v1 网格，分辨率平均约为 1°；垂直方向，大气分量模式为 26 层，海洋分量模式为 50 层；在时间步长设置方面，大气 20min，陆面 30min，海洋 2h，海冰 1h。

BNU-ESM 模式完成并提交了 CMIP5 所有核心试验及部分扩展试验，研究表明该模式对全球气候变化具有较好的模拟性能，而且模式功能较为完备（吴其重等，2013；Ji et al.，2014）。

3.3.2　针对非均匀 CO_2 分布模拟的模式改进

在 BNU-ESM 地球系统模式的原始版本中，与其他大多数地球系统模式及全球耦合模式一样，模式输入的 CO_2 强迫数据是所有网格采用全球平均的逐年 CO_2 浓度数据。为了将具有季节变化和空间分布的二维 CO_2 浓度数据引入模式，需要对模式相关数据接口进行改进或重写。由于地球系统模式中各分量模式及耦合器包括大气分量模式是通过

MPI 并行编程来实现模拟计算的，因此数据接口的重写主要涉数据的时间与空间插值、并行分发、辐射计算，以及并行归约等几个方面。在根进程读取 CO_2 数据后，先对其进行空间插值，将其插值到模式网格上，并将其分发给每个参与并行计算的进程。在大气辐射模块中将网格化的 CO_2 浓度数据引入到大气长波辐射计算之中，从而实现具有时空动态分布 CO_2 气候效应的模拟。

3.3.3　用于模式强迫场的全球非均匀 CO_2 浓度数据

运行全球模式，需要制作具有时空动态分布的 CO_2 浓度数据。基于地基观测和卫星遥感资料，并结合 CMIP6 相关数据，制作了历史和未来两套月尺度的全球网格化 CO_2 浓度数据。其中 1850～2014 年历史的 CO_2 浓度数据是基于 CMIP6 的 0.5°（同一纬度带的值相同）的逐月 CO_2 浓度数据和 ODIAC 的 CO_2 排放数据[⑥]制作的。ODIAC 的碳排放为年总和数据，空间分辨率为 1°。具体计算方法如下：

首先计算 ODIAC 每个纬度带 CO_2 排放的平均值，将 ODIAC CO_2 排放每个像元值与其所在纬带平均值相除得到比值 ratio，取所有纬度带比值的最大和最小值，将比值归一化作为标准化比值（std_ratio）。当这个像元的 ratio 为负值时，赋予 std_ratio 为负值，反之为正值。计算 CMIP6 每个月 CO_2 浓度最大值和最小值的差值，以这个差值作为每个纬带像元 CO_2 与纬带 CO_2 平均值的差值的最大值（diff_month_CMIPCO2），用标准化比值（std_ratio）与此差值（diff_month_CMIPCO2）的乘积作为每个像元距离纬度带 CO_2 平均值的大小（diff），用 CMIP6 的纬带 CO_2 平均值加上 diff 就是最后网格化的数据。对网格化后的数据进行图像平滑，采样 IDL 的 smooth 函数（low pass 低通滤波）。通过与相同时间的 GOSAT 数据对比发现，4～9 月 smooth 函数的滑动窗口为 1 合适，即像元值不改变。10 月～次年 3 月采用滑动窗口 15 合适，即所在像元为其周边 15×15 像元的平均值。

未来预估试验主要是基于 RCP45 情景开展的，该试验模拟时间从 2006 年开始。2006～2014 年 CO_2 浓度根据 AIRS 等多个卫星观测数据进行制作，2015～2024 年 CO_2 浓度是根据自回归差分移动平均（autoregressive integrated moving average，ARIMA）模型结合卫星资料预测得到的，而 2025～2100 年 CO_2 浓度数据则是根据 2015～2024 年每月十年平均的 CO_2 空间分布，将 CMIP6 SSP245 情景的年均 CO_2 纬带平均数据，扩展到每一个纬带的经度网格上。

3.3.4　试验设计

利用地球系统模式 BNU-ESM 开展的非均匀 CO_2 强迫的气候变化试验，从模拟的时段来说，分为历史气候变化模拟试验（1850～2005 年）和未来气候变化预估试验（2006～2100 年）；每个时期的模拟试验都包含两组：一组为非均匀 CO_2 分布试验，一组为均匀 CO_2 分布试验，其每组进行了 3 个不同起始状态的集合试验。

1. 历史模拟试验

历史模拟共包含 8 个具体试验，其中 2 个 spin-up 试验，3 个均匀 CO_2 集合（采用不

---

⑥ http://odiac.org/index.html

同初始场）模拟试验及 3 个非均匀 CO_2 集合模拟试验，模拟时段为 1850～2005 年。均匀 CO_2 和非均匀 CO_2 spin-up 试验分别采用均匀分布和非均匀分布的 1850 年 CO_2 浓度，其他强迫场和初始场均采用 1850 年，直到模式主要变量积分运行达到平衡态为止。均匀 CO_2 和非均匀 CO_2 驱动的 3 个集合试验，分别采用均匀分布和非均匀分布的 CO_2 浓度历史数据（见前节所述），选取 spin-up 试验三个不同年份的模拟数据作为初始场，开展历史气候变化模拟试验。除 CO_2 外，其他强迫场均一致。

2. 未来预估试验

在非均匀 CO_2 数据集与均匀 CO_2 强迫下各开展了一个未来气候变化预估试验。非均匀 CO_2 试验利用前节所述制作的 RCP45 情景下 2006～2100 年的 CO_2 逐月时空动态分布数据，均匀试验与传统 RCP45 未来预估试验一致。两个试验其他强迫场相同，初始场来自于历史试验最后一年的模拟结果。

3.3.5　不同试验所用的 CO_2 浓度对比

与卫星观测结果类似，非均匀试验 CO_2 相对于均匀试验的 CO_2 浓度差异在各个季节分布不同（图 3.10），其中以春节和冬季的差异最为显著，两种试验 CO_2 差值（非均匀−均匀）在北半球为正值，南半球以负值为主；而夏季北半球的负值区域最大，且差值最大；秋季北半球的负值区域有所缩小，北半球中纬度地区的正值区扩大。

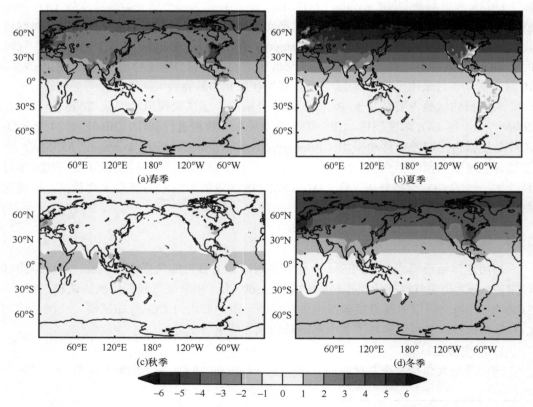

图 3.10　非均匀试验与均匀试验 1850～2005 年平均各个季节 CO_2 浓度（ppmv）差异

图 3.11 显示了 CO_2 经向平均和纬向平均随时间的变化，从图上可以看出，均匀 CO_2 与非均匀 CO_2 经向平均和纬向平均差异主要体现在 1950 年以后。非均匀 CO_2 随纬度（经向）变化幅度较大，而随经度（纬向）变化较小。与 CO_2 经向平均的变化相比，其纬向平均变化的差异更为显著。

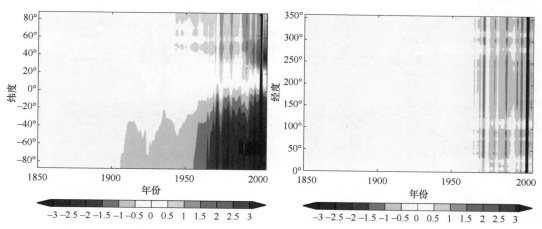

图 3.11　CO_2 的纬向平均（左）和经向平均（右）的年际变化（单位：ppmv）

从图 3.10 可以看出来，CO_2 在南北半球分布差异显著，因此图 3.12 给出了非均匀 CO_2 南北半球与全球平均差异（半球平均–全球平均）随时间的变化，可以看出，南北半球非均匀 CO_2 的浓度差异在 1970 年以后逐渐变大。随着时间的推移，北半球与全球平均 CO_2 浓度的正差异越来越大，南半球与全球平均 CO_2 的负差异越来越大。

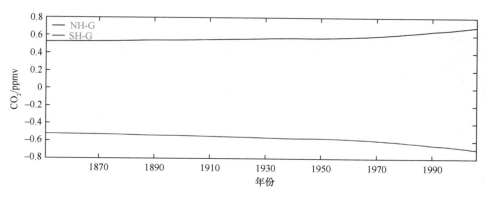

图 3.12　CO_2 非均匀分布下南北半球 CO_2 浓度与全球平均差异的变化

NH：北半球；SH：南半球

图 3.13 是非均匀试验与均匀试验在历史时段（1976～2005 年）与未来时段（2071～2100 年）不同季节 CO_2 浓度的空间差异。从图上可以看出，相对于均匀分布，非均匀分布历史时期春季和冬季的 CO_2 值在北半球明显偏高，特别是北半球的中纬度地区；未来时期二者的 CO_2 空间差异最大能达到 20ppmv。特别是在北半球的中纬度地区，形

成一个明显的低值或者高值的带状分布，这可能与世界几个比较大的排放源区及西风急流有关。

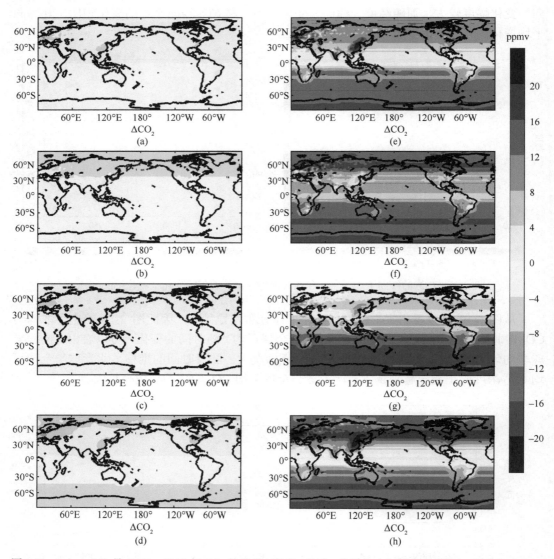

图 3.13　（a）～（d）是 1976～2005 年 CO_2 的春季、夏季、秋季、冬季的空间差异（非均匀–均匀）；（e）～（h）是 2071～2100 年 CO_2 的春季、夏季、秋季、冬季的空间差异（非均匀–均匀）

3.4　非均匀 CO_2 与均匀 CO_2 试验主要模拟结果对比

温室气体通过辐射强迫过程首先影响的是温度，由此会对整个气候系统带来一系列影响。由于下一章将重点分析 CO_2 非均匀性对相关辐射通量及气温的影响，因此本章只简要给出历史和未来时期非均匀 CO_2 与均匀试验 CO_2 试验之间模拟的其他气候变量如降水、土壤湿度及部分高空场之间的差别，以反映非均匀 CO_2 的影响。

3.4.1 历史试验降水对比分析

从全球尺度来看，赤道辐合带地区降水量最多。在亚热带地区，东部大陆地区降水多于西部地区。同样在温带地区，东部大陆地区的降水量也比西部地区多，内陆地区和极地地区的降水量比其他地区少。季风区降水的季节性变化幅度常常大于年均值。全球模式均匀 CO_2 试验与非均匀 CO_2 试验模拟的降水空间分布型相同，并与全球降雨气候中心（GPCC）降水量的空间分布基本一致（图 3.14），耦合模式能够较好模拟出全球主要的降水空间分布格局。

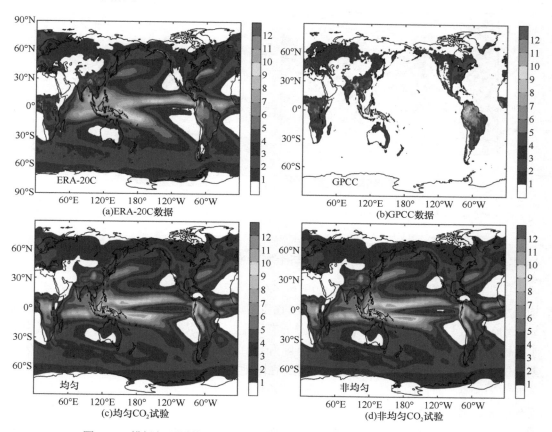

图 3.14 模拟与观测的 1986～2005 年平均降水空间分布（单位：mm/d）

降水的季节变化类型，是由其地理位置和气候条件等因素共同决定的，中国区域的降水主要受东亚季风的影响，主要集中在夏季。图 3.15 显示了 1986～2005 年不同季节均匀 CO_2 与非均匀 CO_2 试验模拟降水的空间差异，图示的是 3 组集合试验的对比结果（非均匀–均匀）。从图上可以看出，相对于均匀试验，在赤道辐合带的强雨带上，非均匀试验模拟的各季节降水均要偏多一些，而周围地区则偏少。两组试验差异较大的区域位于印度洋和赤道太平洋。

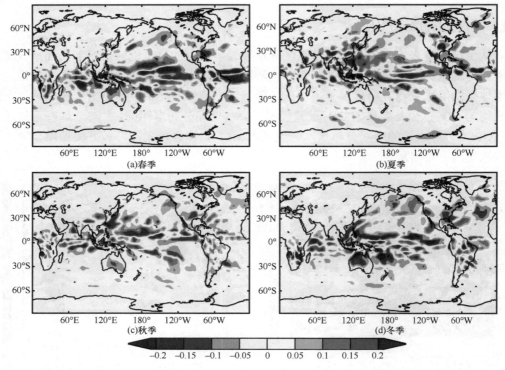

图 3.15 均匀与非均匀试验模拟的不同季节降水差异（非均匀−均匀；1986～2005 年；单位：mm/d）

3.4.2 历史与未来不同时期降水、蒸发与土壤湿度对比

图 3.16 是两组试验在历史时段（1976～2005 年）与未来时段（2071～2100 年）的年均降水、蒸散发、饱和水汽压及土壤湿度的空间差异。与历史试验的差异相比，未来试验显示均匀试验与非均匀试验模拟的降水差异有所增加，降水的变化与蒸发，以及空气中的水汽饱和度密切相关，由于未来气温的不断升高，蒸发也会随之增大；未来时期和历史时期的饱和水汽压差的差异（两组试验之差）在陆地上的有些地区相反，特别是在澳洲，从偏低变为偏高；但年均土壤湿度的在历史时期和未来时期的变化不显著。土壤湿度作为陆面与能量、物质交换的重要物理量，可以通过改变地表反照率、土壤热容量和感热、潜热通量等，影响和改变地表大气能量与水分交换，进而对大气环流、气温、降水等产生显著影响。年均土壤湿度的差异不显著是否由于不同季节土壤湿度的相反变化导致的？下面分析两组试验历史时期和未来时期各个季节土壤湿度的空间差异（图 3.17）。

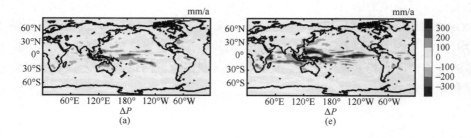

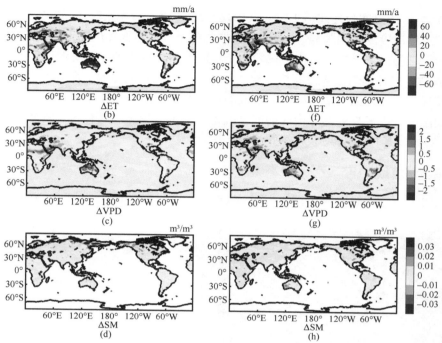

图 3.16 （a）～（d）1976～2005 年两组试验模拟的降水、蒸散发、饱和水汽压差和土壤湿度的差异；
（e）～（h）2071～2100 年两试验上述变量的差异

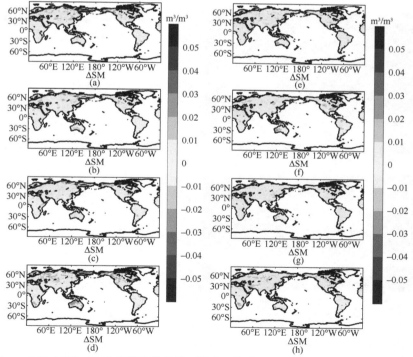

图 3.17 （a）～（d）1976～2005 年平均的春季、夏季、秋季、冬季的土壤湿度差异（非均匀–均匀）变
化；（e）～（h）2071～2100 年平均的春季、夏季、秋季、冬季的土壤湿度的差异（非均匀–均匀）变化

　　图 3.17 是两组试验之间历史时段（1976～2005 年）与未来时段（2071～2100 年）各个季节土壤湿度的空间差异。两组试验模拟的各个季节中低纬度的土壤湿度差异较小，高纬度的土壤湿度差异较大。历史试验中土壤湿度差异较大的地区受温度的影响较大，这可能是 CO_2 的非均匀性导致高纬度地区部分冻土变化从而引起土壤湿度变化。与历史试验的差异相比，未来预估两组试验之间的差异在空间上的变化反而更小，这很可能与未来时期温度升高已导致高纬地区的冻土融化，由于土壤湿度具有较长时间的记忆性，所以受 CO_2 非均匀性的影响反而变小。

3.4.3　高空场模拟对比

　　图 3.18 左列显示的是多年平均的均匀 CO_2 试验在不同气压层（850hPa、500hPa、200hPa）

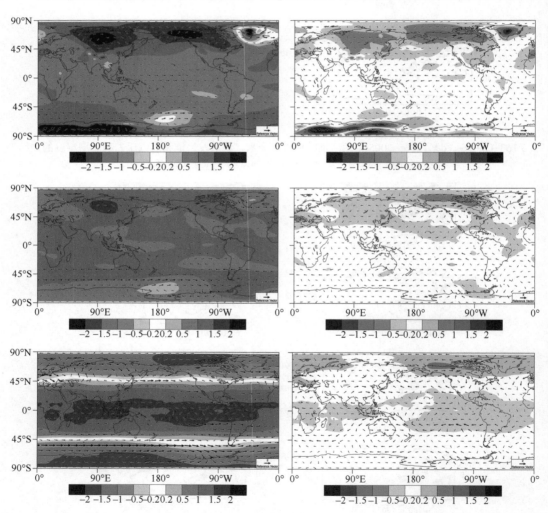

图 3.18　均匀试验（左）及二者的风场（m/s）和温度差值（℃）（右：非均匀–均匀）在 850hPa（上）、500hPa（中）和 200hPa（下）的空间分布

的风场与温度场，右列为非均匀试验与非均匀试验的差异（非均匀–均匀）。可以看出，在北半球中低空（850hPa 与 500hPa）非均匀试验模拟的大气温度比均匀试验要低，而在中高纬度地区高层（200hPa），非均匀试验模拟的温度要高于均匀试验。在赤道辐合带地区低层为大气风场辐合，高层辐散，北极地区低层为下沉辐散。CO_2 的非均匀分布对中高纬的大气环流产生影响，使北半球中高纬度地区产生温度冷平流。由此可见，非均匀试验模拟的温度低，除了直接受 CO_2 非均匀性分布带来的辐射差异影响外，还与由此带来的大气环流变化导致温度平流密切相关。

3.5　全球陆地平均的相关变量统计对比

通过分析发现，不管是历史模拟试验还是未来预估试验，非均匀 CO_2 分布试验与均匀 CO_2 分布试验之间，各个气候变量如气温、降水、辐射，以及各个水分循环变量在的空间上都存在一定差别，这也说明了 CO_2 非均匀性对气候变化的影响不容忽视。表 3.2 给出了不同变量均匀与非均匀试验在历史时期和未来时期全球陆地区域平均差异的定量结果，未来时段（2071～2100 年）与历史时期（1976～2100 年）相比，两试验之间的气温差异并不大。未来时段陆地净辐射、降水、地表径流两组试验之间的差异与历史时期差别较大。降水和径流的影响因素较多，结果的不确定性可能更大。

表 3.2　2071～2100 年和 1976～2005 年期间两组试验陆地平均各变量差异（非均匀–均匀）

变量	1976～2005 年	2071～2100 年
气温/℃	0.02	0.03
地面净辐射强度/（W/m²）	−0.05	0.27
年均降水量/（mm/a）	−2.28	1.51
年均蒸发量/（mm/a）	−0.90	−0.11
年均地表径流量/（mm/a）	0.22	0.49
土壤湿度/（m³/m³）	0.14	−0.02

第4章 非均匀二氧化碳对地表升温进程的影响与敏感度

4.1 引　　言

大气 CO_2 是最重要温室气体之一，通过吸收地面放射的长波辐射，加热整个地球系统（即"温室效应"）。地球上层大气控制着逃逸到太空的红外辐射，CO_2 的增加会显著影响到有多少红外辐射逸入太空。而地表气温是与辐射关系最紧密相关的物理量之一（周天军和陈晓龙，2015）。因此，开展非均匀大气 CO_2 浓度对地表气温影响的研究将有助于把温度控制和减排目标联系起来，为减排政策的制订提供重要参考，同时，也可为碳中和背景下区域气候敏感度研究提供科学借鉴（邓祥征等，2018）。

如前文所述，大气中的 CO_2 浓度通过辐射效应影响地表气温的时空变化（IPCC，2013）。比如北半球中高纬度地区的大气 CO_2 浓度的升高引起该地区的升温幅度高于全球平均水平，这就充分说明地表温度对全球 CO_2 浓度响应具有明显的区域差异（邓祥征等，2018；Wang et al.，2019），而这种变化反过来又会影响全球碳循环，进而影响整个气候系统（蔡兆男等，2021）。因此，只有清晰认识 CO_2 空间变化与地表气温之间的关系，才能更精准地预估未来气候变化（周天军等，2020；李祺瑶和丁仲礼，2021[⑦]）。

CO_2 浓度非均匀性是指 CO_2 浓度在经向和纬向二维空间分布的差异。全球人为碳排放存在着明显的空间差异（Oda et al.，2018），这也必然影响 CO_2 浓度的空间分布。大气 CO_2 的辐射强迫可以改变地表能量收支、云量分布、大气环流，进而改变地表气温（Iacono et al.，2008；Kharin et al.，2013；Lamarque et al.，2010）。因此有必要进行定量分析，评估 CO_2 非均匀性对典型区域地表气温的影响。

自 1750 年工业化开始以来，大气 CO_2 浓度处于不断上升的状态。2011 年与 1990 年相比，全球碳排放增加了 54%（邓祥征等，2018），其中纬向差异明显，北半球中纬度成为全球最大的人为碳排放区，占全球碳排放的 70%以上[⑧]。2003~2011 年全球地表的碳排放也表现出明显的经向空间差异：中国、美国、西欧为人为碳排放高值区域，远远高于全球平均水平（符传博等，2018）。以我国为例，2007~2011 年，我国东部地区碳排放占全国碳排放的 50%，显著高于全国的平均水平（邓吉祥，2014）。同时不同地区人为碳排放的持续增加，加剧了大气 CO_2 浓度的空间差异。而关于地表气温对大气 CO_2 非均匀动态分布的敏感度的认识目前存在很大不确定性。这是因为目前大气 CO_2 浓度对地表气温影响的研究多数仍然停留在均匀 CO_2 浓度的影响上（例如参加国际耦合模式比较计划第五阶段 CMIP5 的研究），缺乏 CO_2 浓度非均匀性影响的气候效应研究。为此，亟待深入开展大气 CO_2 浓度非均匀性对地表气温贡献的研究。

---

⑦ 李祺瑶，丁仲礼. 2021. 实现碳中和需要"三端发力". 北京日报.

⑧ https://www.ucsusa.org/resources/each-countrys–share-CO2-emissions

地球系统模式是大气 CO_2 浓度非均匀性对地表气温影响研究的有力工具，针对 CO_2 浓度与地表气温关系研究中存在的问题和不足，本章在前面章节的基础上聚焦 CO_2 非均匀性影响的问题，使用地球系统模式，设计不同的数值试验，模拟研究 CO_2 时空差异对过去百年和未来百年气候变化的影响。基于前一章所介绍的系列模拟试验，本章重点分析 CO_2 浓度非均匀性对地表气温的影响，充实大气 CO_2 浓度与地表气温时空变化关系的研究，实现定量评估大气 CO_2 浓度非均匀性对区域温升的贡献，以人为碳排放强度最大的美国、中国和西欧为典型区域，对比分析地表气温对 CO_2 浓度非均匀空间分布的敏感度差异。

4.2　非均匀 CO_2 与均匀 CO_2 试验气温模拟对比

4.2.1　两组试验模拟的多年平均气温的空间差异

基于图 4.1 非均匀 CO_2 试验模拟地面气温与英国东英格利亚大学气候研究所（Climatic Research Unit，CRU）观测和 ERA-20C 再分析资料对比可以看出，总体上模拟效果良好。陆地和海洋的温度偏差表现有所不同，海洋上的温度差异较小，陆地上的温度差异较大，特别是南北极和青藏高原地区模拟差异较大。

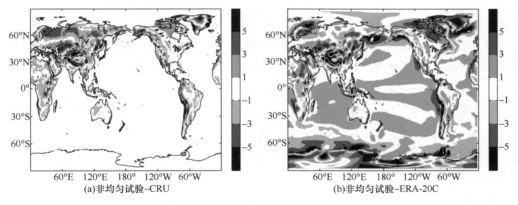

图 4.1　试验模拟与观测资料的年均温度差异空间分布（1986～2005 年，单位：℃）

如上章所述，在模拟试验中，CO_2 是作为外强迫输入给地球系统模式的。均匀 CO_2 试验输入的数据为逐年变化的全球平均 CO_2 浓度，而非均匀 CO_2 试验输入的 CO_2 浓度具有季节（逐月）变化和空间分布。为了便于对比，这两套数据在全球年平均上数值是一致的。之前已经对这两套 CO_2 浓度数据在不同季节上的差异进行了对比分析，这里为了对比其对温度模拟的影响，主要看以下这两个 CO_2 年均浓度数据的差异，图 4.2（a）显示的是 1850～2005 年多年平均的非均匀 CO_2 浓度与均匀 CO_2 浓度差异（两者之差）的空间分布，图 4.2（b）显示的是地球系统模式模拟的对应情形下地面气温的差异。可以看出，1850～2005 年多年平均的非均匀 CO_2 与均匀 CO_2 差异（前者与后者之差）在北半球以正值为主，正的大值区集中在北半球的中高纬地区，特别是欧洲，美国区域［图 4.2（a）］，这与历史上欧美发达国家消耗大量能源产生高 CO_2 排放相对应，虽然由于全球大气环流的存在使得温室气体在大气中非常易于扩散，但这些碳源区持续不断的排放会使其始终维持比较高的 CO_2 浓度。两个试验模拟的年均气温的差异在大陆地区大部分为正值，在海洋的中高纬地区以负值为主，部分地区通过了 95%信度检验 [图 4.2（b）]。两个试验气温空间分布的差异在总体上与 CO_2 空间分布的差异是对应的，但在某些区域有所不同，这可能与大气环流的变化、温度平流输送，以及地表状况密切相关。

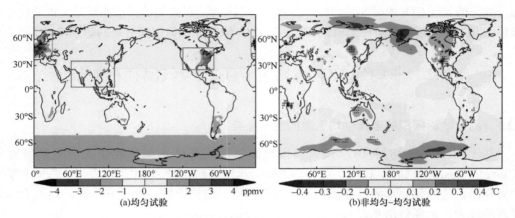

图 4.2　非均匀试验年均 CO_2 和气温与均匀试验差异的空间分布（1850～2005 年，打点区域表示通过了 95%的 t 检验）

　　1850～2005 年多年平均的非均匀 CO_2 试验模拟的气温与均匀 CO_2 试验在四个季节上的差异比年平均结果更为明显一些（图 4.3）。相对于均匀试验，非均匀试验模拟的温

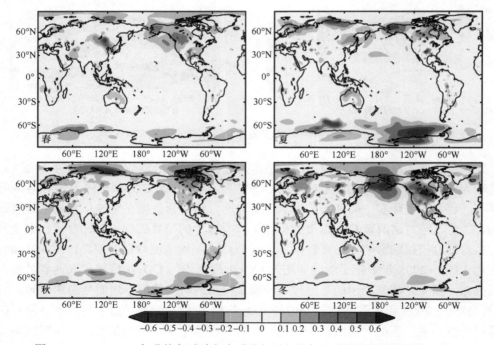

图 4.3　1850～2005 年非均匀试验各个季节气温与均匀试验差异的空间分布（℃）

度在大陆地区偏高，特别是北美洲地区；非均匀试验模拟温度在北半球和南半球的高纬度地区偏低。这与 CO_2 的季节性空间分布有很大不同，除了温室气体直接的辐射效应外，由此引起的气候系统内部一系列复杂的非线性相互作用导致全球温度分布发生变化。

图 4.4 为历史时段（1976～2005 年）和未来时段（2071～2100 年）平均不同季节非均匀试验与均匀试验模拟的气温差异。从图上可以看出，与历史均匀试验相比[图 4.4（a）～（d）]，非均匀试验模拟夏季和秋季的温度明显偏低，特别是北半球的中纬度地区在四个季节的模拟温度都偏低。这与图 4.3 整个历史时期 1850～2005 年的平均结果正好相反，说明在较早时期，非均匀试验模拟的北半球中纬度地区温度比相对于均匀试验要高，这种差异随着时间逐渐减小，到历史时期后期甚至变为相反，这就表明非

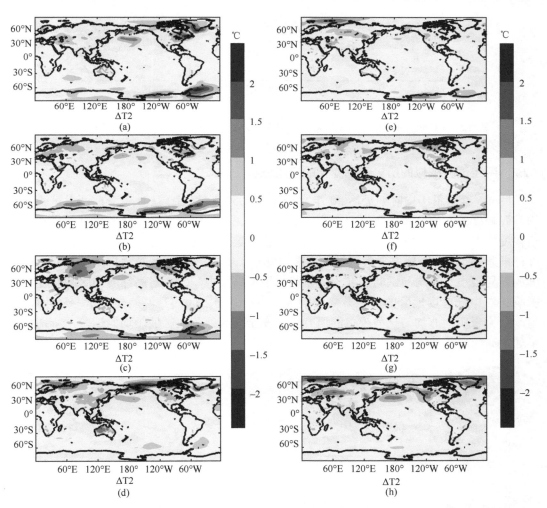

图 4.4　（a）～（d）是 1976～2005 年地面 2m 温度的春季、夏季、秋季、冬季的空间分布差异（非均匀–均匀试验）；（e）～（h）是 2071～2100 年 2m 温度的春季、夏季、秋季、冬季的空间分布差异（非均匀–均匀试验）

均匀试验模拟的历史时期升温速率比均匀试验要小。未来时段两组试验模拟的温度差异与历史时期相比更小一些。

　　非均匀 CO_2 与均匀 CO_2 差异显著的地区在北半球，图 4.5 显示了非均匀分布的 CO_2 对不同纬度纬向平均温度的影响，与 CO_2 的空间差异类似，非均匀 CO_2 对全球温度影响较大的区域在北纬 40° 以北，其中秋季温度差异最大能达到 0.8℃，这说明 CO_2 的非均匀分布会对大气的三圈环流产生重要影响。

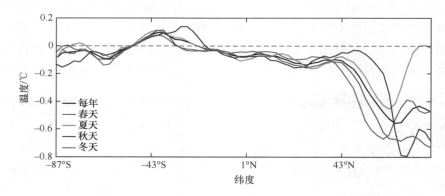

图 4.5　1976～2005 年平均非均匀 CO_2 对不同纬度温度的季节影响（两试验之差）

4.2.2　两组试验模拟的历史气温变化的空间分布

　　图 4.6 给出了历史时期最后 20 年（1986～2005 年）相对于工业革命前两组试验年平均升温幅度的空间分布，每组三个集合试验升温幅度的标准差，以及两组试验模拟的升温幅度的差异，其中标准差可以反映结果的不确定性。均匀和非均匀集合模拟之间的温度标准差都很小，全球大多数区域的标准差都小于 0.5℃，表明集合模拟成员之间升温幅度的差异较小。在均匀试验和非均匀试验的模拟结果中，CO_2 对高纬度地区的温度升高影响比对中低纬度地区的温度升高影响大。两组试验之间的升温差异（非均匀–均匀试验）结果表明，非均匀试验模拟的温升幅度在全球大部分地区低于均匀试验，特别是北半球中高纬度陆地区域。

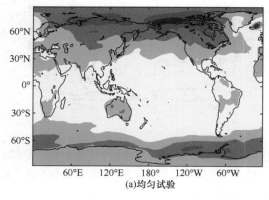

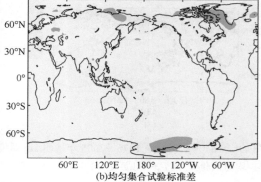

(a)均匀试验　　　　　　　　　　　　　　　(b)均匀集合试验标准差

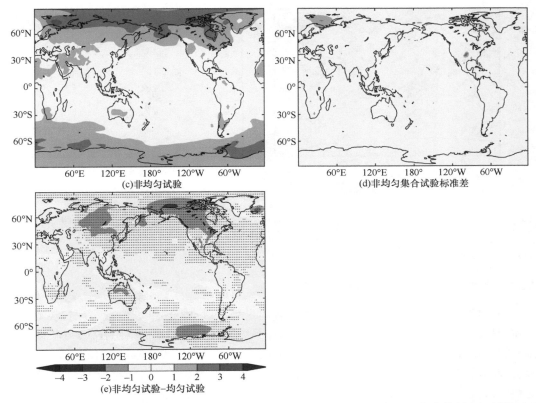

图 4.6　1986～2005 年相对于工业革命前（1851～1880 年）均匀 CO_2 试验（a）和非均匀 CO_2 试验（c）年均地面气温升温幅度，均匀集合试验（b）和非均匀集合试验（d）的标准差，均匀试验与非均匀试验的差异（e）（单位：℃）

　　在不同的纬度带内，温度的季节变化具有不同的特征。从 1986～2005 年不同季节非均匀和均匀 CO_2 试验引起的升温度幅度差异的空间分布可以看出（图 4.7），在各个季节，CO_2 的非均匀性对低纬度地区的温度变化影响较小，这是因为一方面低纬度地区 CO_2 的空间非均匀性较小；另一方面低纬度地区太阳辐射强，CO_2 的温室效应相对较弱。与年平均升温一样，在中高纬度地区，特别是北半球中高纬度陆地区域，非均匀 CO_2 试验模拟的升温幅度比均匀试验要低，不同季节之间存在一定差异。

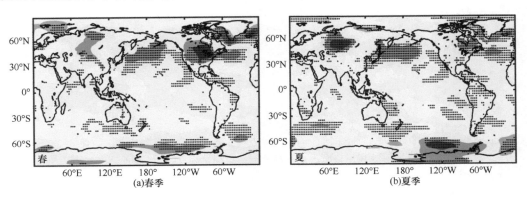

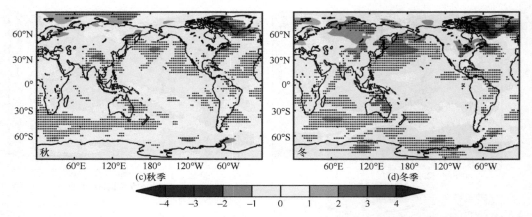

图 4.7　1986～2005 年相对于工业革命前各个季节均匀试验和非均匀试验模拟的升温幅度差异的空间分布（非均匀–均匀；单位：℃）

4.2.3　全球平均气温的年际与季节变化

　　CO_2 的空间不均匀分布通过影响大气辐射过程，对全球温度产生影响，与观测资料 HadCRUT4 的温度变化相比，BNU-ESM 地球系统模式模拟的地面气温在 1900 年以前偏低，特别是在 1885 年前后，有一次较大的火山爆发，该模式可能对火山活动的降温效应有较强的响应。图 4.8 上图是全球年平均地面气温的变化曲线（相对于 1851～1900 年的距平），包括观测（HadCRUT4）、非均匀 CO_2 和均匀 CO_2 试验的三个集合成员及集合

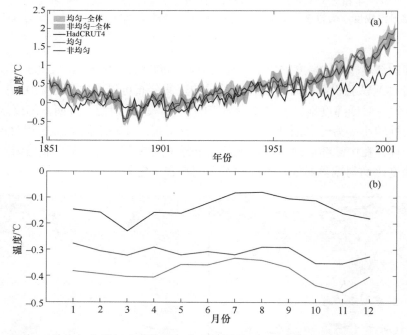

图 4.8　均匀与非均匀试验模拟全球温度距平的年际（a）和季节（b）变化

平均结果。从整个历史时期来看，相对于观测，模式模拟的升温速度更快。非均匀试验模拟的升温速度比均匀试验要慢一些，到 2000 年前后，升温幅度低 0.2～0.3℃。图 4.8 下图为观测与两组集合试验多年平均的逐月温度对应于各自 1961～1990 年时段的变化，非均匀集合试验模拟的温度更为接近观测结果，两组集合试验模拟的季节温度在夏季的差异最小，冬季的差异最大。

图 4.9 是 1986～2005 年两试验模拟的升温幅度（相对于工业革命前）的年际变化与季节变化情况。从 CO_2 非均匀性引起的升温幅度的季节差异可以看出，四个季节中，冬季的温度变化幅度最大，秋季的温度变化幅度最小。全球范围内，均匀集合试验模拟的 1986～2005 年的升温幅度比非均匀集合试验模拟的升温幅度约高 0.2～0.3℃。

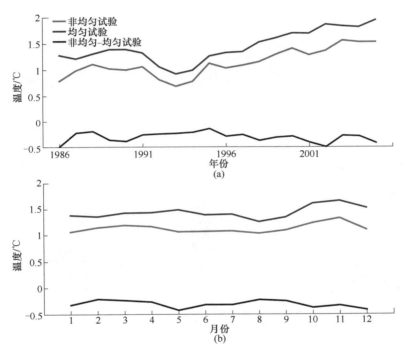

图 4.9　均匀集合试验和非均匀集合试验相对于对应的 1850 年的全球温度的年际（a）和季节差异（b）变化（1986～2005 年；单位：℃）

4.2.4　历史时期全球典型区域增温对比

从 1850～2005 年年均非均匀 CO_2 浓度与均匀 CO_2 浓度空间分布（图 4.2 左）可以看出，CO_2 浓度空间差异较大的区域分别为欧洲，亚洲和美国，因此我们将这三个区域选为典型区域，分析 CO_2 浓度的升高导致典型区域的升温差异，三个典型区域的经纬度范围如图 4.2 左图所示。

下图为 1986～2005 年相对于工业革命前（1851～1990 年）非均匀与均匀集合试验年均和各个季节升温幅度在三个典型区域统计结果（面积加权平均），从均匀集合试验和非均匀集合试验年均升温幅度可以看出，三个区域相比，亚洲区域的升温幅度变化最小（图 4.10），欧洲升温幅度居中，美国的升温幅度最大。与均匀集合试验相比，非均匀集合试验年均升温幅度在亚洲和欧洲表现一致，都偏小；而美国的非均匀集合试验模拟年均升温幅度偏大。与均匀集合试验相比，非均匀集合试验模拟的三个区域季节的升温幅度与其年均升温幅度有所不同，欧洲的秋季升温幅度偏大，亚洲的夏季升温幅度偏大，美国是夏季和冬季升温幅度偏大，尤其是冬季升温幅度显著偏大。

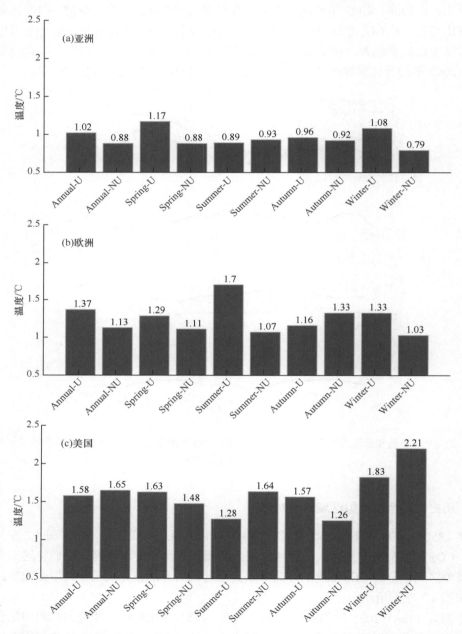

图 4.10　1986～2005 年相对于工业革命前（1851～1990 年）的均匀和非均匀集合试验模拟的年均和季节地面升温幅度（1986～2005 年，U：均匀试验；NU：非均匀试验）

4.3　辐射通量和云量的模拟对比分析

如果没有温室气体的温室效应，地球的平均温度将降至$-18℃$。尽管 CO_2 仅占温室效应的 20%，其中水蒸气和云通过反馈过程占了大部分温室效应（75%），但如果没有 CO_2 和其他气体提供的辐射强迫，温室效应就不会发生。CO_2 在大气中的流动和空间分布受急流、大尺度天气系统和大气环流特征的控制。CO_2 的水平和垂直流动会影响辐射平衡进而影响气候变化。

4.3.1　地面辐射通量对比

图 4.11 显示 $1850\sim2005$ 年多年平均的非均匀 CO_2 试验模拟的地面向下长波与均匀 CO_2 试验在四个季节上的差异。两组集合试验模拟的地面长波辐射空间分布差异与地面气温的空间分布差异不大，这是因为 CO_2 通过影响地面气温进而对地面向下长波产生作用。

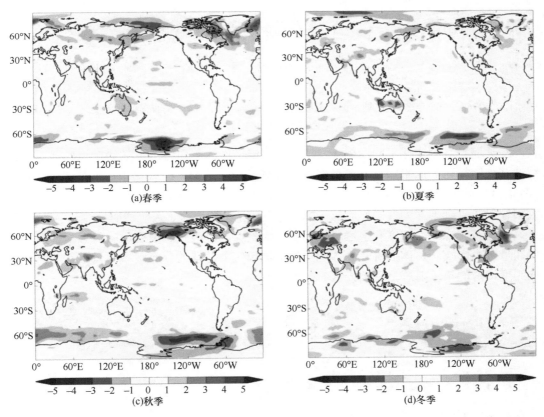

图 4.11　非均匀试验各个季节地面向下长波（W/m^2）与均匀试验的差异（$1850\sim2005$ 年）

图 4.12 是 $1976\sim2005$ 年两试验模拟的地面向下长波（相对于工业革命前）逐年变化及二者的差异。两组试验模拟的春季、夏季、秋季及冬季的地面长波都逐年增加，这

是因为随着 CO_2 浓度的增加，更多的长波通量将保留在地球表面，但非均匀试验增加的幅度偏小，这与前面的升温幅度变化一致。CO_2 浓度的非均匀性引起的辐射收支变化的同时，也可以通过大气环流引起的云量和水汽变化，后续小节将讨论 CO_2 非均匀分布对云量变化的影响。

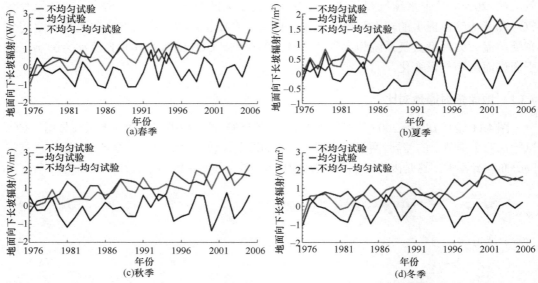

图 4.12　1976～2005 年非均匀试验和均匀试验模拟各个季节地面向下长波辐射逐年变化（相对于工业革命前）及二者的差异

与地面长波的变化不同，1850～2005 年多年平均的非均匀 CO_2 试验模拟的地面向下短波（太阳辐射）的空间分布差异在春季和夏季北半球大，而秋季和冬季在南半球显著（图 4.13）。影响太阳辐射的因子众多，除了太阳常数等天文因素对太阳辐射产生影响外，太阳辐射还受到地球大气层厚度等影响，甚至包括太阳高度、大气透明度、云层、地形、大气气溶胶、海冰、纬度和水蒸气等因子。大气会通过吸收、反射、散射太阳辐射对辐射通量产生影响。总体上讲，到达地面的全球年辐射总量的分布基本上呈带状，只有在低纬度地区的年辐射总量受到云量的影响大。

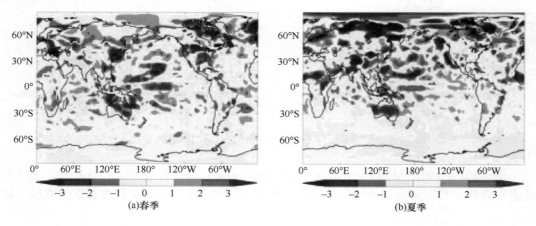

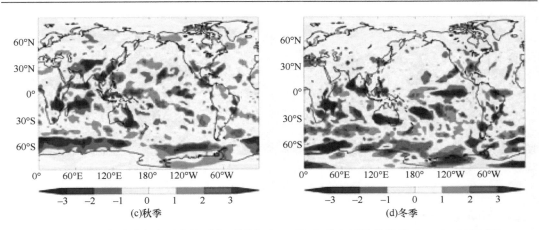

图 4.13　非均匀试验各个季节地面向下短波（W/m²）与均匀试验的差异（1850～2005 年）

4.3.2　大气层顶辐射通量对比

CO_2 对地面长波影响显著，对地面短波影响不大，对大气层顶的辐射影响如何？需要进一步分析研究，图 4.14 是历史时期（1976～2005 年）与未来时期（2071～2100 年）均匀试验与非均匀试验模拟的年均大气层顶的向下短波，净短波，向上短波及向上长波辐射的空间差异。与均匀试验相比，历史和未来时期的大气层顶的向下短波辐射基本无变化，说明 CO_2 非均匀性对向下短波的影响小；而未来时期的净短波，向下短波与向上短波变化均比历史时期大，并且向上长波辐射的变化与向上短波的变化相反，这可能与 CO_2 的非均匀性相关。

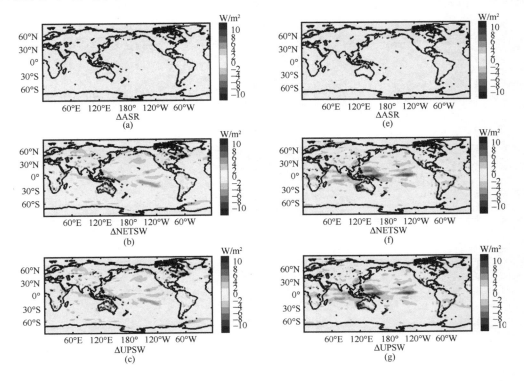

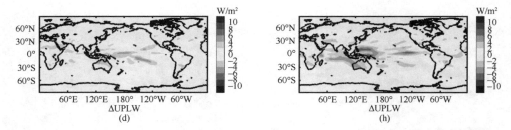

图 4.14 （a）～（d）1976～2005 年均大气层顶的向下短波，净短波，向上短波，向上长波辐射的差异（非均匀–均匀试验）变化；（e）～（h）2071～2100 年均大气层顶的向下短波，净短波，向上短波，向上长波辐射的差异（非均匀–均匀试验）变化

4.3.3 不同高度云量对比

云是地球上水循环所呈现的一种方式。云吸收从地面散发的热量，并将其逆辐射回地面，这有助于地球大气的保温。但云同时也将太阳光直接反射回太空，这样便有降温作用。云的产生、消散，以及各类云之间的演变和转化，都是在一定的水汽条件和大气运动的条件下进行的。

图 4.15 是历史时段（1976～2005 年）与未来时段（2071～2100 年）两组试验模拟的年均低云量、中云量、高云量及总云量的空间差异，从图上可以看出，与均匀试验相比，历史和未来试验的低云量基本无变化，说明 CO_2 的非均匀性对低云量的影响小，对中高云量的变化影响较大；由于中高云量的变化主导了总云量的变化，因此 CO_2 的非均匀性也对总云量变化影响大。CO_2 通过影响水汽变化和大气运动引起云的生消演变，而水汽变化和大气运动对气候变化和极端天气气候事件起着极为重要的作用。

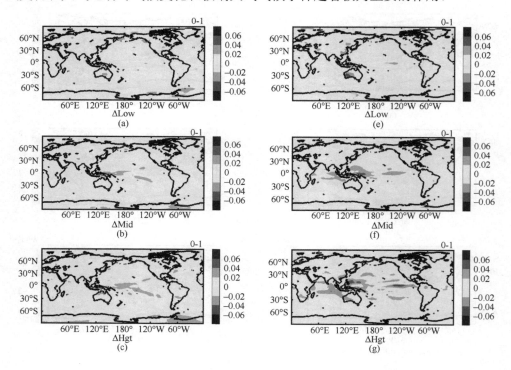

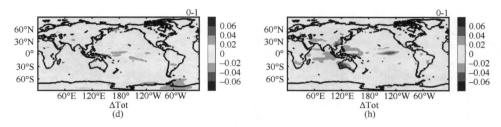

图 4.15 （a）～（d）1976～2005 年年均低云量，中云量，高云量，总云量的空间差异（非均匀–均匀）；（e）～（h）2071～2100 年年均的低云量，中云量，高云量，总云量的空间差异（非均匀–均匀）

4.4　不同区域均匀与非均匀 CO_2 情况下气温对 CO_2 浓度的敏感性曲线

4.4.1　气温对 CO_2 变化敏感度的计算

基于 Zeng 和 Geil（2016）提出的地表气温与大气 CO_2 浓度关系式（4.1），将地表温度对大气 CO_2 浓度敏感度表示为

$$T = \lambda \ln CO_2 + c + \varepsilon \tag{4.1}$$

式中，λ 表征为地表气温 T 对 CO_2 浓度敏感系数，c 表征地表气温的截距，ε 表征残差。在 CO_2 浓度非均匀试验中，地表气温的敏感度是基于每个格点的 CO_2 浓度，利用式（4.1），计算得到每个网格点的地表气温的敏感度，在此基础上进行区域平均。

评估时段为 1901～2100 年共计 200 年。其中，历史时段（1901～2014 年）和未来时段（2015～2100 年）的选择与第六阶段国际耦合模式比较计划（CMIP6）的历史和未来的时段的选择保持一致。另外，为了评估模式的模拟性能，本研究选取了英国 East Anglia 大学的气候研究所（CRU）的地表气温作为参考，时间范围为 1901～2000 年，评估 BNU-ESM 模拟地表气温的性能。此外，以"2℃阈值"问题为例，讨论 CO_2 浓度非均匀性对半球或区域地表气温敏感度可能影响。其中，在气候预估中，SSP245 情景是表征中等排放情景，在未来温度变化预估中应用最为广泛，所以我们选取了 SSP245 情景评估地表气温对 CO_2 敏感度。

4.4.2　全球典型区域气温和二氧化碳历史与未来季节敏感度变化

图 4.16 和表 4.1 显示 2015 年年均及季节 GOSAT 观测 CO_2 浓度在不同区域的结果。与全球大气 CO_2 浓度水平相比，美国 CO_2 浓度偏高最明显，为～2.7ppm，中国大气 CO_2 浓度偏高了 2.2 ppm，与欧洲偏高水平相当，北半球平均浓度水平偏高了～2 ppm。这表明了大气 CO_2 浓度存在区域差异。1901～2000 年，相比均匀 CO_2 浓度敏感度试验结果，非均匀 CO_2 敏感试验模拟的北半球、中国、美国和欧洲地表气温与 CRU 数据更接近。与 1901～2000 年历史阶段相比，非均匀 CO_2 敏感试验模拟北半球、中国、美国和欧洲地表气温与观测 CRU 数据更接近。

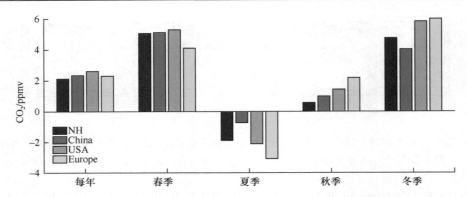

图 4.16　2015 年日本的温室气体观测卫星（GOSAT）的不同区域大气 ΔCO_2 浓度的差异

NH 表征北半球（蓝色），China 表征中国（青色），USA 表征美国（绿色），Europe 表征欧洲（黄色），ΔCO_2 为区域 CO_2 浓度与全球平均 CO_2 浓度差异（单位：ppm）

表 4.1　不同时期不同区域的年平均大气 CO_2 浓度和地表气温的变化

区域	数据类型	CO_2 浓度/ppm		地表气温/℃	
		1901～2000 年	1901～2100 年	1901～2000 年	1901～2100 年
北半球	CRU	—		4.35	—
	均匀试验	320.70	411.54	3.81	5.84
	非均匀试验	321.23	413.51	3.71	5.79
中国	CRU	—		8.19	—
	均匀试验	320.70	411.54	8.51	9.97
	非均匀试验	321.39	413.61	8.42	9.95
美国	CRU	—		9.02	—
	均匀试验	320.70	411.54	10.05	11.77
	非均匀试验	322.24	414.62	9.99	11.71
欧洲	CRU	—		10.55	—
	均匀试验	320.70	411.54	9.76	11.52
	非均匀试验	321.68	413.97	9.79	11.53

　　注：CRU 为英国 East Anglia 大学气候研究所（CRU）数据集的简称；研究时段分别取了百年尺度的 1901～2000 年和 1901～2100 年，给出了北半球、中国、美国和欧洲不同区域的 CO_2 浓度与地表气温的变化，并对模拟的地表气温与 CRU 数据进行对比。

　　1901～2100 年，非均匀 CO_2 浓度与均匀 CO_2 浓度试验的地表气温（t）之间的差异反映了 CO_2 浓度非均匀动态分布的影响（表 4.2 和图 4.17）。历史阶段 1901～2000 年，均匀 CO_2 浓度试验模拟北半球、中国、美国和欧洲的 CO_2 敏感度系数分别为 9.73、7.83、9.90 和 8.34。与均匀 CO_2 浓度试验相比，非均匀试验模拟的北半球、中国、美国和欧洲 CO_2 敏感度较弱，分别为 9.15、5.04、5.66 和 6.47，与 CRU 观测的 CO_2 敏感度系数更接近，分别为 5.06、4.66、3.40 和 6.77，均通过了 95%置信水平的显著性检验。其中，相比北半球、中国和欧洲，非均匀 CO_2 试验模拟的美国 CO_2 敏感度系数与均匀 CO_2 试验模拟的 CO_2 敏感度系数差异最大。

表 4.2　不同时段不同区域的年均地表气温对 CO_2 敏感度（λ）的变化

区域	数据类型	CO_2 敏感系数 λ		截距 c		相关系数 R^2	
		1901~2000 年	1901~2100 年	1901~2000 年	1901~2100 年	1901~2000 年	1901~2100 年
北半球	CRU	5.06	—	−24.79	—	0.72	—
	均匀试验	9.73	8.73	−52.34	−46.45	0.78	0.97
	非均匀试验	9.15	8.91	−49.10	−47.57	0.75	0.97
中国	CRU	4.66	—	−18.65	—	0.69	—
	均匀试验	7.83	6.38	−36.64	−28.20	0.51	0.92
	非均匀试验	5.04	6.56	−20.66	−29.34	0.31	0.92
美国	CRU	3.40	—	−10.59	—	0.23	—
	均匀试验	9.90	7.45	−47.06	−20.7932	0.53	0.9231
	非均匀试验	5.66	7.27	−22.68	−19.7979	0.22	0.9158
欧洲	CRU	4.67	—	−16.38	—	0.51	—
	均匀试验	8.34	7.50	−38.33	−33.41	0.43	0.91
	非均匀试验	6.47	7.43	−27.55	−32.97	0.34	0.91

注：研究时段分别取了 1901~2000 年和 1901~2100 年两个时段，给出了北半球、中国、美国和欧洲不同区域的地表气温对 CO_2 浓度敏感度的变化；其中，1901~2000 年通过 95%置信水平的相关系数平方（R^2）临界值为 0.038，1901~2100 年通过 95%置信水平的相关系数平方（R^2）临界值为 0.019。

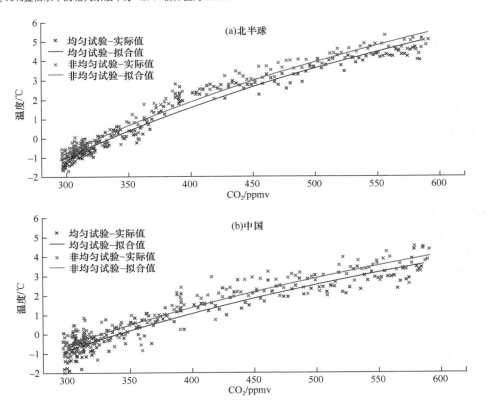

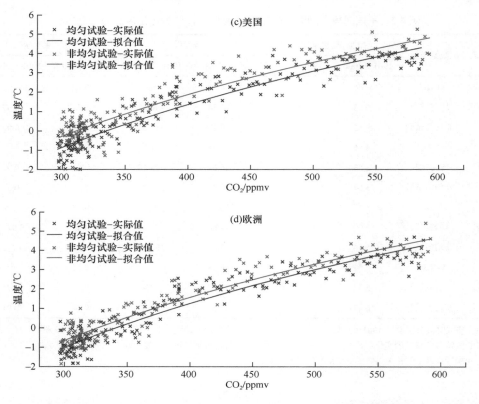

图 4.17　1901~2100 年（a）北半球、（b）中国、（c）美国和（d）欧洲的地表温度距平（y 轴）随 CO_2 浓度（x 轴）变化的特征

散点：为模式模拟结果；实线：利用式 4.1 的拟合结果（y 轴表示地表气温距平，参考时段为 1901~2100 年）

　　在未来情景中，我们选择 CMIP6 的 SPP245 作为未来典型情景，因为相比 SSP585，更让人们看到 21 世纪末温控 2℃阈值范围内的曙光，所以 SSP245 相比 SSP585 很可能更接近人类采取减排措施后的情景。我们研究了 1901~2100 年地表气温对 CO_2 敏感度。1901~2100 年间，均匀 CO_2 浓度试验模拟的北半球、中国、美国和欧洲 CO_2 敏感度分别为 8.73、6.38、7.45 和 7.50。相比非均匀 CO_2 试验结果，北半球和中国减少了 0.18，美国和欧洲区域分别增加了 0.18 和 0.07。地表气温对 CO_2 敏感度大小主要受大气 CO_2 浓度"强迫"的影响，然而地表气温对 CO_2 浓度响应，不仅受到 CO_2 辐射强迫的影响，同时还受到各种反馈过程（例如，云反馈、水汽反馈和冰雪反照率反馈等）的影响。例如：一方面，水蒸气增多，由于水蒸气的温室效应，将会阻挡大气顶层长波辐射，进而引起大气变暖，称为"水汽正反馈"（周天军和陈晓龙，2015）。相反，大气中水蒸气增多，由于蒸发的冷却效应，对地表气温的升高会产生负反馈（Piao et al.，2020）。CO_2 浓度非均匀性可能会通过辐射效应改变云量。在一些区域，高云（低云）的增多（减少）会产生对气候系统的正反馈，相反，有些区域高云（低云）减少（增加）会产生负反馈。最终，不同区域云反馈的差异可能会改变地表气温的敏感度。这需要在未来工作中，设计不同的实验，开展长时间积分运算，进一步开展气候系统反馈过程对地表气温敏感度影响的研究。

在季节尺度上，1901～2100 年，非均匀试验模拟的中国区域平均的春、夏、秋和冬季地表气温的 CO_2 敏感度分别为 5.86℃、6.12℃、6.50℃和 7.75℃（表 4.3 和图 4.18）。相比均匀 CO_2 浓度试验结果，非均匀 CO_2 浓度试验的地表气温的 CO_2 敏感度在春季和冬季分别增加了 3%和 8%，夏季和秋季分别减少了 3%和 0.4%。非均匀 CO_2 浓度试验美国的春、夏、秋、冬季地表气温 CO_2 敏感度分别为 6.84℃、7.33℃、7.20℃和 7.68℃。相比均匀 CO_2 浓度试验，除了秋季，其他 3 个季节地表气温的 CO_2 敏感度减少，分别减少了 4%、4%和 3%。非均匀试验模拟的欧洲区域平均的春、夏、秋和冬季地表气温的 CO_2 敏感度分别为 6.38、8.41、6.92 和 7.97。相比均匀试验，非均匀 CO_2 浓度试验的地表气温春、秋季的 CO_2 敏感度分别减少了 3%和 6%，夏季和冬季均增加，分别增加了 1%和 4%，其中秋季的差异要高于其余三个季节。

表 4.3 1901～2100 年春、夏、秋和冬季不同区域地表气温对 CO_2 浓度敏感度变化

区域	试验	CO_2 敏感系数 λ				截距 c				相关系数 R^2			
		春季	夏季	秋季	冬季	春季	夏季	秋季	冬季	春季	夏季	秋季	冬季
北半球	均匀试验	7.25	8.21	9.59	9.88	−39.43	−29.68	−50.06	−66.61	0.93	0.96	0.96	0.94
	非均匀试验	7.42	8.24	9.63	10.30	−40.60	−29.77	−50.45	−69.32	0.94	0.96	0.97	0.95
中国	均匀试验	5.66	6.39	6.54	6.92	−24.80	−15.49	−27.38	−45.12	0.71	0.92	0.91	0.77
	非均匀试验	5.86	6.12	6.50	7.75	−25.93	−13.89	−27.22	−50.31	0.73	0.91	0.90	0.79
美国	均匀试验	7.17	7.60	7.09	7.93	−33.65	−22.54	−27.87	−47.27	0.72	0.89	0.86	0.69
	非均匀试验	6.84	7.33	7.20	7.68	−31.77	−20.99	−28.47	−46.01	0.64	0.88	0.84	0.70
欧洲	均匀试验	6.61	8.33	7.38	7.70	−30.77	−27.03	−31.16	−44.68	0.77	0.91	0.89	0.78
	非均匀试验	6.38	8.41	6.92	7.97	−29.48	−27.45	−28.46	−46.36	0.75	0.90	0.88	0.79

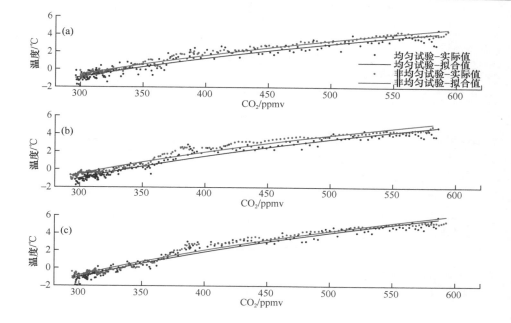

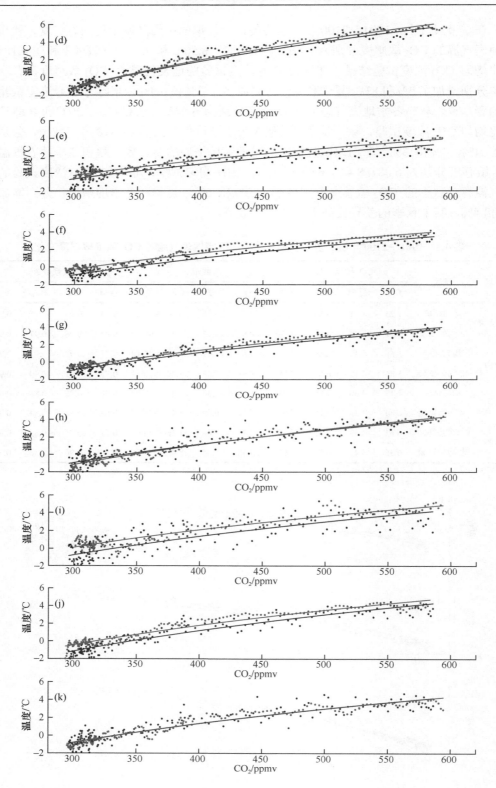

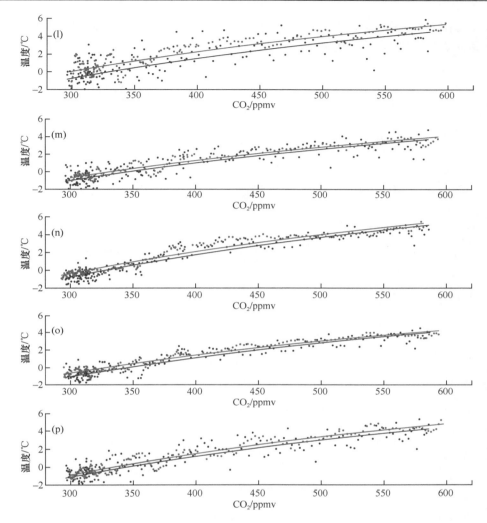

图 4.18　同图 4.17，区别是四个季节变化；[（a）～（d）]北半球春季、夏季、秋季、冬季；[（e）～（h）]中国春季、夏季、秋季、冬季；[（i）～（l）]美国春季、夏季、秋季、冬季；[（m）～（p）]欧洲春季、夏季、秋季、冬季的温度（y 轴）随 CO_2 浓度（x 轴）变化的特征。散点：为模式模拟结果；实线：利用式（4.1）的拟合结果

4.4.3　全球典型区域年均和季节敏感度随 CO_2 浓度的变化

图 4.19 和图 4.20 显示了不同区域温度变化与 CO_2 浓度变化比值（dt/dCO_2）随 CO_2 浓度的变化特征。根据已有研究的 CO_2 敏感度与大气 CO_2 浓度关系（Zeng and Geil，2016），中国区域非均匀 CO_2 试验模拟的 CO_2 敏感度为 6.35，在 2℃阈值内，大气 CO_2浓度不能超过 450ppm（Calvin et al.，2009），对应于大气中 CO_2 浓度增加幅度不能超过142.11ppm。其中，增幅的范围低于均匀 CO_2 浓度试验的结果，差异约为 4.30ppm。在美国，根据 CO_2 敏感度取值为 6.09，限定增温不超过 2℃时，对应于大气中 CO_2 浓度增加幅度不能超过 147.71ppm，高于均匀 CO_2 浓度试验的增幅阈值，差异约为 4.20ppm。在

欧洲区域增温 2℃阈值，对应于大气中 CO_2 浓度增幅 121.86ppm，高于均匀 CO_2 浓度试验的增幅阈值，差异约为 1.93ppm。

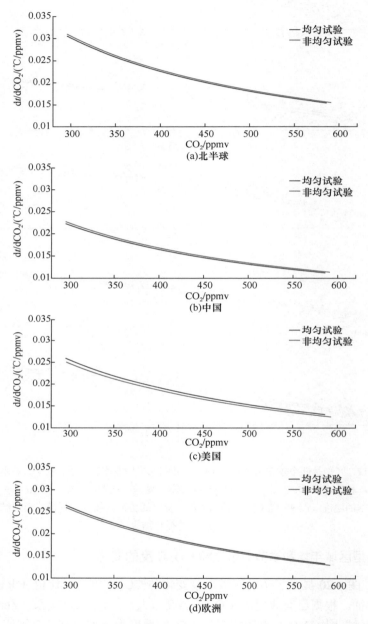

图 4.19　1901～2100 年（a）北半球、（b）中国、（c）美国和（d）欧洲年际 $\dfrac{\mathrm{d}t}{\mathrm{d}CO_2}$（$y$ 轴）随大气 CO_2

浓度（x 轴）变化

红线表征非均匀 CO_2 浓度试验；蓝线表征均匀 CO_2 浓度试验。实线为拟合结果。其中 t 表征地表气温，CO_2 为大气 CO_2 浓度

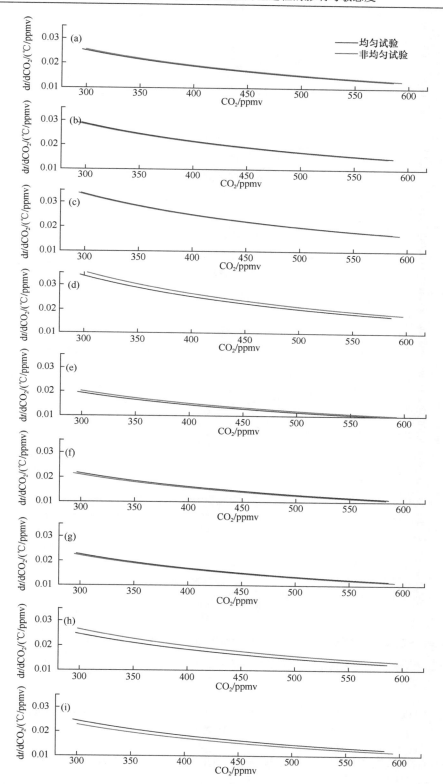

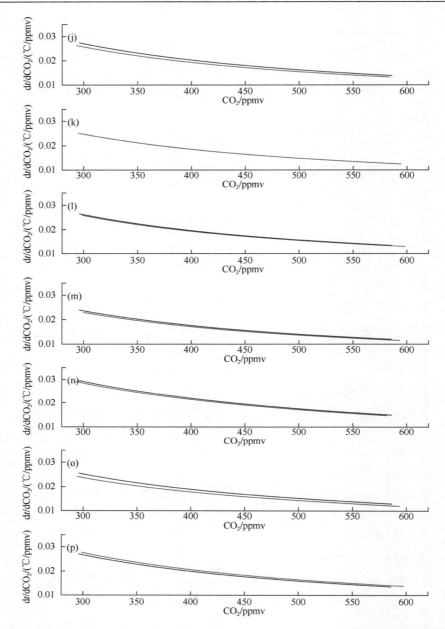

图 4.20　1901～2100 年随大气 CO_2 浓度（x 轴）变化，[（a）～（d）]北半球；[（e）～（h）]中国；[（i）～（l）]美国；[（m）～（p）]欧洲四个区域的春季、夏季、秋季和冬季的 $\dfrac{\mathrm{d}t}{\mathrm{dCO_2}}$（$y$ 轴）随大气 CO_2 浓度（x 轴）变化

红线表征非均匀 CO_2 浓度试验结果；蓝线表征均匀 CO_2 浓度试验结果。实线为拟合结果。其中 t 表征地表气温，CO_2 为大气 CO_2 浓度

　　根据 CO_2 浓度和地表气温的经验关系，图 4.20 给出了 1901～2100 年春、夏、秋和冬季北半球、中国、美国、欧洲的四个区域基于式（4.1）求导得到的 $\mathrm{d}t/\mathrm{dCO_2}$ 随大气 CO_2

浓度的变化。结果表明非均匀 CO_2 浓度试验中国区域的 dt/dCO_2 随大气 CO_2 浓度响应在冬季与均匀试验结果差异最大，特别是在大气 CO_2 浓度达到 450ppm 水平前差异尤为明显。在夏季和秋季，二者差异不明显。相比较，美国春季和夏季二者差异最大，秋季最不明显。欧洲区域差异最明显季节发生在秋季，其他季节均不明显。整体而言，北半球平均水平来看，差异最大季节发生在冬季，与中国区域变化特征相似。

CO_2 敏感度的研究迄今已有近 40 年的历史，观测数据逐渐地丰富，随地球系统模式的发展及反馈分析方法的完善，使得针对这一问题的认识越来越深入。但目前仍存在诸多难点，如高质量观测数据的时间太短，很难提取真实长时间 CO_2 浓度变化的信号，特别是南半球中高纬度和北半球高纬度地区，而这些地区是地表气温和 CO_2 浓度变化的关键区域。综合目前研究现状，本章利用地球系统模式评估了 20 世纪和未来 21 世纪北半球和中国区域长期年平均和季节地表气温对 CO_2 浓度的敏感度。主要亮点工作包括：①分析历史时期和 SSP245 变化情景下地表气温对 CO_2 升高的敏感度。②研究了季节尺度中国区域地表气温对大气 CO_2 非均匀动态分布的敏感度曲线。

通过与观测 CRU 温度结果对比，表明非均匀 CO_2 浓度试验中的地表气温对 CO_2 浓度敏感系数具有较好的模拟性能，更接近观测结果。试验结果显示了历史阶段 1901～2000 年中国区域地表气温与大气 CO_2 浓度比值随大气 CO_2 浓度增加均呈减弱趋势。相比均匀 CO_2 浓度试验结果，非均匀试验结果与均匀 CO_2 浓度试验的 CO_2 敏感度差异最大的区域发生在美国。这一变化是由于历史时期美国大气 CO_2 浓度明显高于全球平均水平而引起。

我们通过不同大气 CO_2 浓度数据驱动地球系统模式，评估 CO_2 浓度空间差异对地表气温的 CO_2 敏感度的影响。这些基于地球系统模式 BNU-ESM 的模拟结果，并得到 CRU 观测资料的印证和支持。1901～2100 年的 200 年时间里，由于人为碳排放在不同区域引起的 CO_2 浓度空间差异，在高排放区域地表气温的 CO_2 浓度敏感度表现为强烈的区域差异和季节差异，并且随时段变化而不同。

需要说明本研究中 CO_2 浓度变化主要受以工业碳排放为主的人类活动的影响。20～21 世纪 CO_2 浓度非均匀性对地表气温影响研究并没有包括土地利用/覆盖等人类活动对大气 CO_2 浓度和地表气温的影响，例如森林砍伐等人类活动的影响，如果考虑这些人类活动的影响，很可能地表气温对 CO_2 浓度敏感度会发生改变。在今后研究中，将会开展这些因素影响及其不确定性的研究。

最后，为了简化计算，我们使用线性方法计算 CO_2 浓度的空间分布。因此，我们的地球系统模式试验中没有考虑单个网格点 CO_2 浓度与纬度平均 CO_2 浓度的非线性对应关系。以后研究中，需要考虑不同计算方法对地表气温敏感性影响，这将会有助于提高我们对现实世界的地表气温敏感度变化机制的认识。

第5章 非均匀二氧化碳时空分布对地气碳通量交换的影响

5.1 引　言

大气 CO_2 浓度对生态系统总初级生产力（gross primary productivity，GPP）、地表蒸散发（evapotrans-piration，ET）和生态系统水分利用效率（water use efficiency，WUE）的影响主要体现在大气 CO_2 浓度增加会减小植被气孔开放度，从而增加气孔阻力减少植被蒸腾，同时又能够提高植被光合作用速率，促进碳物质积累，增加 GPP。在 ET 减小和增加 GPP 的情况下会提高 WUE（Elizabeth and Stephen，2004；Roderick et al.，2015；Deryng et al.，2016；Yang et al.，2019；Tian and Zhang，2020）。大气 CO_2 浓度对 ET 和 GPP 有相反的作用。

基于碳水耦合的 PML-V2 模型，在非均匀 CO_2 和均匀 CO_2 的驱动下，本章研究了非均匀 CO_2 对 GPP、ET 和 WUE 的影响。以均匀 CO_2 驱动下的模拟结果作为基准值，通过比较非均匀 CO_2 驱动下的模拟结果与基准值进行对比，研究非均匀 CO_2 的影响。其中使用了 3 种非均匀 CO_2 数据，包括 Carbon Tracker CO_2、CMIP6 CO_2 和 GOSAT CO_2，来探讨由于非均匀 CO_2 数据的差异引起的结果的不确定性。GPP、ET 和 WUE 的模拟使用 PML-V2 模型估算。

非均匀 CO_2 辐射强迫对陆地生态系统净初级生产力有重要贡献，作为地球系统模式（ESM）中最重要的驱动力（Friedlingstein et al.，2013；Friedlingstein，2015），大气中的 CO_2 通过辐射强迫影响气候系统，主要包括全球平均地表温度上升、全球水循环、海平面上升，以及北极海冰的减少（Govindasamy and Caldeira，2000；Etminan et al.，2016；Yuan et al.，2019）。进一步，可以通过改变气候系统，间接改变植被生长活动和陆地生态系统植被生产力（Schimel et al.，2015）。例如，由于从 20 世纪 90 年代后期，水汽压亏缺加剧，陆地生态系统总初级生产力（GPP）呈现出下降趋势（Yuan et al.，2019）。

此外，由于不同模式模拟的大气 CO_2 辐射效应的强度仍存在较大不确定性（这种不确定性范围达±20%）（Huang et al.，2017；Myhre et al.，2013）。然而，耦合模式第五阶段评估（CMIP5）表明没有一个地球系统模式考虑了非均匀 CO_2 辐射强迫空间差异及碳循环响应特征（Taylor et al.，2011）。尽管已有研究结果表明：从全球范围来看，大气 CO_2 浓度存在明显的空间差异（Nassar et al.，2013；Falahatkar et al.，2017），但从空间尺度，非均匀 CO_2 辐射强迫对气候和陆地碳循环的影响的强度均未知（Wang et al.，2019）。

大气 CO_2 浓度可以通过辐射强迫的改变，影响大气环流，进而近地面气候系统受到扰动（Friedlingstein et al.，2006；Ramaswamy et al.，2019），最终改变了陆地生态碳吸收（Ballantyne et al.，2017）和土地碳积累（Cox et al.，2013）。其中，地表气温、降水和土壤湿度变化（Peng et al.，2014a）会影响了光合作用速率，限制了净初级生产力和土壤呼吸（RH）（Ballantyne et al.，2017），也是陆地生态系统碳通量变化的主要驱动因子。因此，通过 CO_2 辐射强迫改变气候系统变化，进而影响陆地生态系统碳循环（Friedlingstein，2015）。目前，过去 100 年尺度的温升的估算仍然存在不确定性，范围在–0.4～1.3℃，这主要是由于温室气体的辐射强迫的贡献还存在很大的不确定性（IPCC，2014）。其中，由于对 CO_2 空间变化的了解及在现场对该过程的可靠测量的缺乏导致 CO_2 辐射强迫估算仍存在较大的不确定性。因此面对在空间上观测资料缺乏的现实，模式模拟方法是非均匀 CO_2 辐射强迫对陆地生态系统碳通量影响的有效手段。

目前，缺乏非均匀 CO_2 对陆–气碳通量交换影响的研究。我们通过 CO_2 辐射强迫量化了非均匀 CO_2 对净初级生产力的影响。为了进一步评估非均匀 CO_2 对 NPP 的重要性，我们使用了地球系统模式 FGOALS-s2（Zhou et al.，2013），将陆面模式 AVIM（Dan et al.，2015）耦合到 FGOALS 中，并比较充分耦合了大气、陆面、海洋和海冰的模拟 A 与仅耦合了大气和陆面分量的模拟 B。具体来说，基于 FGOALS-AVIM2，由于非均匀 CO_2 改变了气候变量，例如 1956～2005 年，非均匀 CO_2 通过辐射强迫，改变了地表气温、降水和土壤湿度。评估了海洋和海冰动力学机制对 NPP 的影响。主要的科学问题包括：①通过非均匀 CO_2 辐射强迫如何影响气候系统？②非均匀 CO_2 对陆地生态系统 NPP 的空间分布的影响；③非均匀 CO_2 引起的辐射强迫如何影响海洋和海冰，以及对陆地生态系统 NPP 的影响如何？

政府间气候变化专门委员会第六次评估报告（IPCC AR6）（Canadell et al.，2021）指出区域尺度的碳（C）循环是地球系统模式不确定性主要来源之一。例如，亚马孙盆地是全球 GPP 最高的地区之一，其碳汇功能一直存在争议（Phillips et al.，2009；Brienen et al.，2015；Gatti et al.，2021）。因此，区域的碳源/汇研究尤为重要（Dan et al.，2020）。准确量化区域碳汇强度和时空格局是目前全球碳循环研究中非常重要的研究内容（Friedlingstein et al.，2006，2020；Cox et al.，2013；Ahlström et al.，2015；Fernández-Martínez et al.，2019）。IPCC AR6 表明，由于缺乏长期、连续和密集的区域生物地球化学通量和碳汇强度的观测数据（Zhao et al.，2005；Le Quéré et al.，2009，2013；Phillips et al.，2009），在区域尺度上碳汇趋势演变强度和发展方向存在很大的不确定性（Canadell et al.，2021）。目前很难准确评估区域碳汇的趋势，尤其是未来的趋势。总体而言，这一研究是提高地球系统模型（ESM）估算和预估能力的重要途径之一。

在过去的几十年里，中国科学家开展了一系列研究，包括对总初级生产力、净初级生产力、土壤呼吸和净生态系统产力（net ecosystem productivity，NEP）的评估（Piao et al.，2009；Hu et al.，2010；Peng and Dan，2014，2015；He et al.，2019；Yuan et al.，2019）。结果表明，模式模拟结果存在很大的不确定性（Friedlingstein et al.，2013；Fernández-Martínez et al.，2019；Arora et al.，2020）。同时，大多数缺乏定量评估大气氮（N）沉降和生物固氮（BNF）贡献的研究（Peng et al.，2020）。基于这一点考量，我们选择了"一带一路"共建国家，覆盖的区域为 0°～60°N，0°～150°E，包括东亚、欧亚大陆中部、北非和西欧。"一带一路"共建国家约有 65 个，占世界人口的 62%，占世界陆地总面积的 1/3。因此，为实现双碳中和目标，这样一个关键区域的碳汇趋势的研究对全球陆地生态系统至关重要。具体而言，我们使用碳汇（NEP = NPP − RH）来评估该地区未来条件下 2031～2100 年的碳汇趋势。该地区不仅包含世界上很大比例的人口，而且还是丰富的植被类型。因此，研究区域也可以为其他地区的碳汇趋势的研究提供科学借鉴。

5.2　非均匀 CO_2 数据驱动碳水耦合模型的碳通量分析

5.2.1　数据与方法

本书第 2 章已经详细介绍了 GOSAT 卫星的大气 CO_2 浓度产品，因此在这里主要介绍其他两种空间非均匀 CO_2 数据，即 Carbon Tracker CO_2 数据和 CMIP6 CO_2 数据，以及作为基准的空间均匀 CO_2 数据，即地球系统研究实验室（Earth System Research Laboratory，ESRL）CO_2 数据。

Carbon Tracker 是美国大气海洋局开发的 CO_2 观测和模型系统，其发布的 CO_2 数据产品基于 CO_2 观测和大气传输模型综合而成。目前最新发布的数据是 CT2017[①]，提供 2000～2016 年间每月近地面大气 CO_2 浓度，空间分辨率为 3°×2°。

CMIP6 是著名的耦合模型的第 6 次比较计划。这套 CO_2 数据是一种多源数据融合产品，综合了全球大气气体试验观测数据的 ESRL 观测数据，冰原和冰芯数据，以及许多公开发表和发布的研究数据。是为 CMIP6 计划提供历史大气 CO_2 浓度数据而建立的，时间跨度从 1850～2014 年，提供每月的数据。空间分辨率为 0.5 度，但只考虑纬度变化没有考虑经度变化。

ESRL 其 CO_2 数据来源于观测，集合了全球空气采样网络（cooperative global air sampling network）的观测数据，发布全球月平均大气 CO_2 浓度数据。ESRL 对观测站点严格挑选，只考虑充分混合的海洋边界层的能够代表大尺度大气状况的观测数据，因此其数据可以充分代表全球平均状况。

ML-V2 模型基于 penman-monteith 公式，并根据气孔导度理论耦合了总初级生产力计算模型联合估算地表蒸散发和总初级生产力。模型将蒸散发 ET 分为三个主要分量：植被蒸腾（E_t）、土壤蒸发（E_s）和冠层截留蒸发（E_i），关系为

$$ET = E_t + E_s + E_i \tag{5.1}$$

式中，E_t 的估算基于 penman-monteith 公式；E_s 的计算基于土壤湿度系数与土壤可利用能量法；E_i 的计算基于 Gash 林冠截留解析模型。具体计算方程为

$$ET_t = \frac{\varepsilon A_c + (\rho C_p / \gamma) D_a G_a}{\varepsilon + 1 + G_a / G_c} \tag{5.2}$$

$$ET_s = \frac{f \varepsilon A_s}{\varepsilon + 1} \tag{5.3}$$

---

① https://www.esrl.noaa.gov/gmd/ccgg/carbontracker/

$$E_i = \begin{cases} f_v P, & P < P_{\text{wet}} \text{时} \\ f_v P_{\text{wet}} + f_{\text{ER}}(P - P_{\text{wet}}), & P \geqslant P_{\text{wet}} \text{时} \end{cases} \tag{5.4}$$

$$P_{\text{wet}} = -\ln\left(1 - \frac{f_{\text{ER}}}{f_v}\right)\frac{S_v}{f_{\text{ER}}}, S_v = S_l \text{LAI} f_{\text{ER}} = f_v F_0 \tag{5.5}$$

式中，$\varepsilon = s/\gamma$，γ 是干湿表常数（kPa/℃），s $=de/dT$ 是饱和水汽压和温度关系曲线的斜率（kPa/℃）；A 为地表可供能量 [MJ/（m²·d）]，即净辐射与土壤热通量之差；A_s 和 A_c 分别为土壤和植被冠层的可供能量 [MJ/（m²·d）]；ρ 是空气密度（g/m³）；C_p 表示空气定压比热（J/g ℃）；e_a 表示实际水汽压（kPa）；D_a 是空气饱和水汽压差（kPa）；G_a 表示空气动力学导度（m/s）；G_c 表示冠层导度（m/s）；f 是土壤湿度系数，用来表征土壤的干旱程度，在 0 到 1 之间变化，越趋近于 1 代表土壤越湿润。f_{ER} 是平均蒸发速率与平均降水强度的比率（无单位）；f_v 是截留叶覆盖面积；P 是日降水量（mm/d）；P_{wet} 是冠层湿润时降水量的参考阈值（mm/d），S_v 是树冠的降水储存力。单位叶面积蓄水量（S_l，mm）和暴雨期间单位冠层平均蒸发率与平均降雨强度之比（F_0，无单位）是 E_i 的两个自由参数。

PML-V2 模型估算冠层导度的出发点是 Ball-Berry-Leuning 气孔导度模型。经过与光合速率计算方法联合，最后得到的气孔导度计算式为

$$G_c = \int_0^{\text{LAI}} g_s dl = m\frac{P_1}{k(P_2 + P_4)}\left\{k\text{LAI} + \ln\frac{P_2 + P_3 + P_4}{P_2 + P_3 \exp(k\text{LAI}) + P_4}\right\}\frac{1}{1 + D/D_0} \tag{5.6}$$

$$P_1 = A_m \beta I_0 \eta, \ P_2 = A_m \beta I_0, \ P_3 = A_m \eta C_a, \ P_4 = \beta I_0 \eta C_a, \tag{5.7}$$

式中，g_s 为气孔导度（m/s）；m 为气孔导度系数；C_a（μmol/mol）表示大气 CO_2 浓度；D_0（kPa）表示 g_s 对叶面水汽饱和差敏感度的参数。β 是初始量子效率 [μmol CO_2/（μmol 光量子）$^{-1}$]；η 是 CO_2 响应光合作用的初始速率，单位是 μmol/（m²·s）· [μmol/（m²·s）$^{-1}$]；I 是光合有效辐射的通量密度[μmol/（m²·s）]；A_m 是当 I 和 C_a 都饱和时获得的最大光合速率[μmol/（m²·s）]。A_m 约等于叶片单位面积下 Rubisco 最大催化速率的一半[V_m，μmol/（m²·s）]，V_m 主要是受温度影响的空气动力学参数。I_0 是冠层上方光合有效辐射（μmol/（m²·s）；LAI（leaf area index）是整个冠层的叶面积指数（m²/m²）；k 是消光系数。

PML-V2 模型估算 GPP 的式子如下所示，各变量的具体含义与前文相同。

$$\text{GPP} = \frac{P_1 C_a}{k(P_2 + P_4)}\left\{k\text{LAI} + \ln\frac{P_2 + P_3 + P_4}{P_2 + P_3 \exp(k\text{LAI}) + P_4}\right\} \tag{5.8}$$

利用全球 95 个涡度相关通量站的观测数据，PML-V2 根据不同的植被类型分别率定参数，得到不同植被类型参数查询表。再根据 MODIS MCD12Q2.006 IGBP 土地利用数据获得每个格点上的模型参数，进而进行计算。有关模型的更具体内容参见文献（Gan et al.，2018；Zhang et al.，2019b）。

利用 PML-V2 模型，设计如下模拟实验以评估非均匀大气 CO_2 浓度对 GPP，ET 和 WUE 的影响。基准组采用随时间变化的空间均匀的 ESRL CO_2 作为模型输入。对照组分别采用随时间变化的空间非均匀的 Carbon Tracker CO_2，CMIP6 CO_2 和 GOSAT CO_2 作为模型输入，由此得到三个对照组的模拟结果，以评估由于非均匀 CO_2 数据的差异引起的

结果的不确定性。基准组和对照组使用的模型其他输入数据完全相同。因此，大气 CO_2 浓度的影响可用以下算式分离：非均匀 CO_2 影响 ET/GPP/WUE 变化率 =（对照组模拟值–基准组模拟值）/ 基准组模拟值。

5.2.2　非均匀 CO_2 对 ET、GPP 和 WUE 的影响

本章的目的是评价空间非均匀 CO_2 动态分布对 ET，GPP 和 WUE 的影响，为此首先说明空间均匀和非均匀 CO_2 的差异。图 5.1 显示了空间均匀的 ESRL CO_2 与其他三种空间非均匀 CO_2 的年季差异。2010 年至 2014 年，四种 CO_2 在全球尺度上都呈逐年增加趋势，夏季最低，冬季最高。从数值上，Carbon Tracker CO_2 明显高于其他三类数据。全球平均值上，GOSAT CO_2 与 ESRL CO_2 最接近。

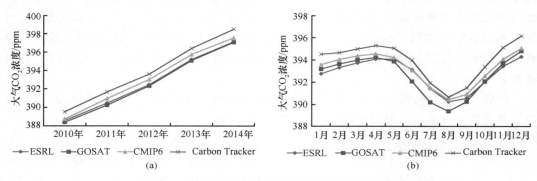

图 5.1　均匀 ESRL CO_2 与三种非均匀 CO_2 的比较

图 5.2 显示了 2010～2014 年间三种空间非均匀 CO_2 多年平均值的空间分布。显然，Carbon Tracker CO_2 在全球许多地区都明显高于其他两类数据。总体上，东亚、西欧和美国东部的 CO_2 浓度高于全球其他地区。北半球高于南半球。

图 5.3 显示了相对于均匀 CO_2，三种非均匀 CO_2 估算的 GPP、ET 和 WUE 在 2010～2014 年间多年平均值的变化百分率。图中可见，由 GOSAT 数据和 CMIP6 模式模拟结果得到的 ET 变化百分率的正值区（即非均匀 CO_2 引起 ET 值变小）基本一致，主要集中在北半球高纬度区，南美洲南部、非洲南部和澳大利亚。ET 变化百分率的负值区集中在东南亚、北美洲南部和刚果雨林。对于 GPP 和 WUE 来说，ET 变化的正值区是它们变化的负值区，ET 变化的负值区是它们变化的正值区。这主要是因为大气 CO_2 浓度增加对植被蒸腾的抑制作用和对植被碳物质积累的促进作用的相反效果造成的。图 5.2 中还可以看出 Carbon Tracker 的结果与 GOSAT 和 CMIP6 的结果空间差异较大。对于 Carbon Tracker 来说，除了北半球极高纬度地区和澳大利亚，几乎所有的区域都显示出 ET 变化的负值，GPP 和 WUE 变化的正值。

无论是 ET、GPP 还是 WUE，它们的变化率在数量级上都较小。相对而言，Carbon Tracker CO_2 得到的 ET、GPP 和 WUE 变化大于 GOSAT 和 CMIP6。由此说明，用空间均匀 CO_2 和空间非均匀 CO_2 不会引起 ET、GPP 和 WUE 模拟结果明显的变化。

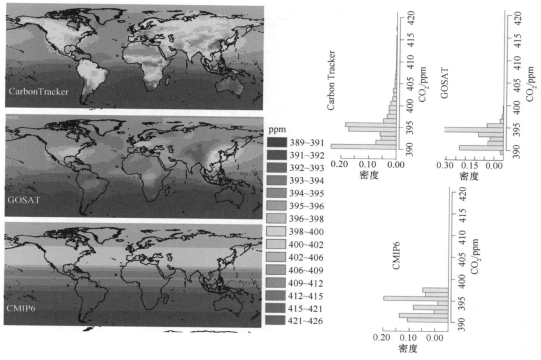

图 5.2 2010～2014 年 Carbon Tracker，GOSAT 和 CMIP6 的 CO_2 多年平均值空间分布图

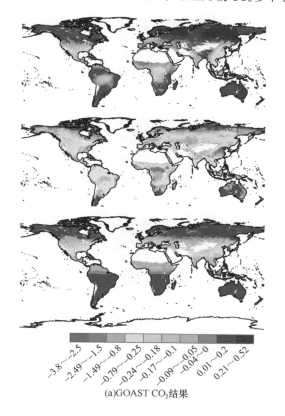

(a)GOAST CO_2 结果

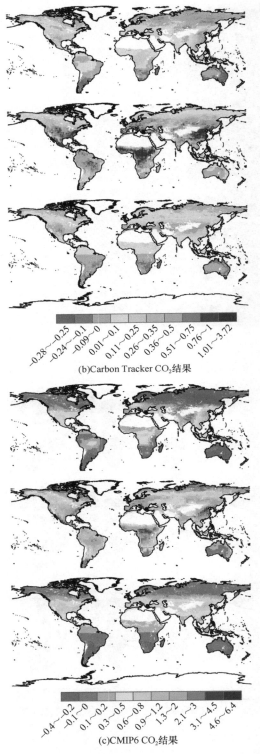

图 5.3　均匀和非均匀 CO_2 引起的 ET、GPP 和 WUE 年值变化百分率

图 5.4 进一步给出了全球范围内 ET、GPP 和 WUE 变化百分率的箱形图。其结果与图 5.3 相呼应。即数量级上 ET、GPP 和 WUE 变化百分率较小。利用 Carbon Tracker CO_2 得到的 ET 变化百分率大部分为负值，GPP 和 WUE 变化百分率大部分为正值。而且 Carbon Tracker CO_2 得到的 ET、GPP 和 WUE 变化百分率大于 GOSAT 和 CMIP6。

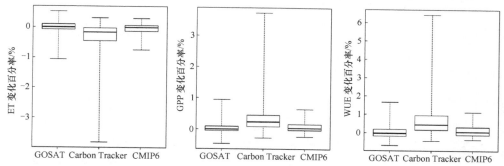

图 5.4　空间均匀和非均匀 CO_2 引起的 ET、GPP 和 WUE 年值变化百分率箱形图

在季节变化上，图 5.5[（a）～（c）]分别给出了相对于空间均匀的 ESRL CO_2，三种非均匀 CO_2 估算的 GPP、ET 和 WUE 在 2010～2014 年间多年月平均值的变化百分率。可以看出，对于非均匀的 GOSAT CO_2，夏季（6～8 月）俄罗斯地区 ET 变化率出现明显正值，亚马孙雨林和刚果雨林出现明显的 ET 负值。东亚在 12 个月内一直存在 ET 的负值。而对于 Carbon Tracker CO_2，大部分地区都出现 ET 变化率的负值（图 5.6）。CMIP6 CO_2 得到的结果与 GOSAT CO_2 类似。同样，对于 GPP 和 WUE 来说，ET 变化的正值区是它们变化的负值区，ET 变化的负值区是它们变化的正值区（图 5.7）。

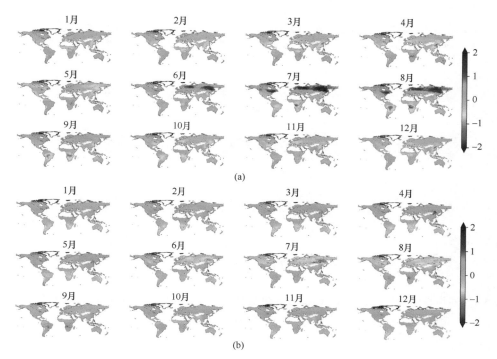

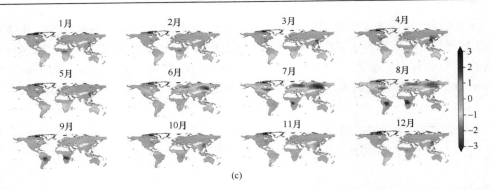

(c)

图 5.5　空间均匀和非均匀 GOSAT CO_2 引起的 ET（a）、GPP（b）和 WUE（c）月值变化百分率

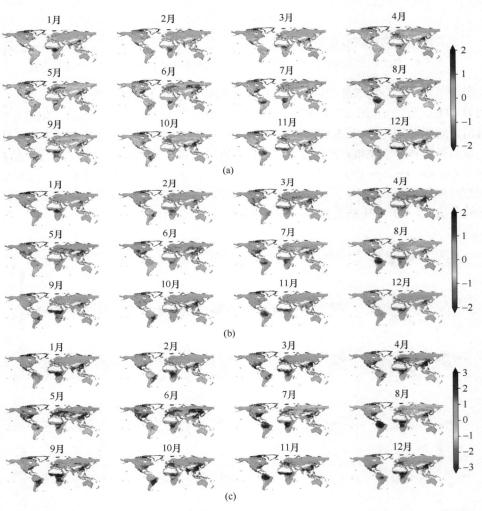

(a)

(b)

(c)

图 5.6　空间均匀和非均匀 Carbon Tracker CO_2 引起的 ET（a）、GPP（b）和 WUE（c）月值变化百分率

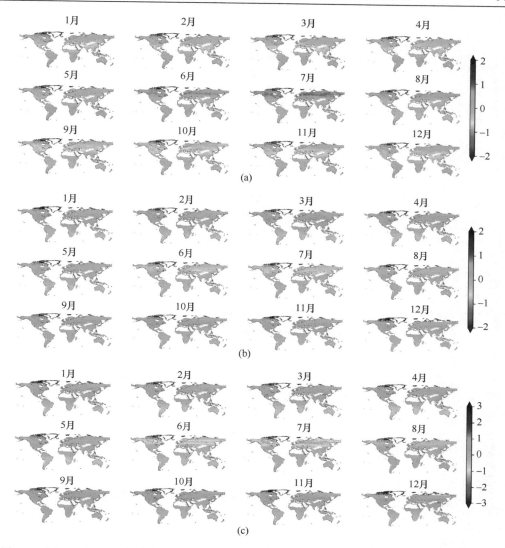

图 5.7　空间均匀和非均匀 CMIP6 CO_2 引起的 ET（a）、GPP（b）和 WUE（c）月值变化百分率

　　图 5.8 显示了空间均匀和非均匀 CO_2 引起的 ET、GPP 和 WUE 月值变化百分率箱形图。对于 GOSAT 和 CMIP6 来说，夏季（6~8 月）ET 变化百分率大部分为正值，其他月份大部分为负值。GPP 和 WUE 变化百分率夏季（6~8 月）大部分为负值，其他月份为正值。而与 Carbon Tracker，在所有月份 ET 变化百分率大部分为负值，GPP 和 WUE 变化百分率为正值。

　　综合分析非均匀 CO_2 引起的 ET、GPP 和 WUE 年季变化在空间上的规律，对非均匀 CO_2 比较敏感的区域如图 5.9 所示，包括俄罗斯、东亚、西欧、美国东部、亚马孙雨林和刚果雨林。

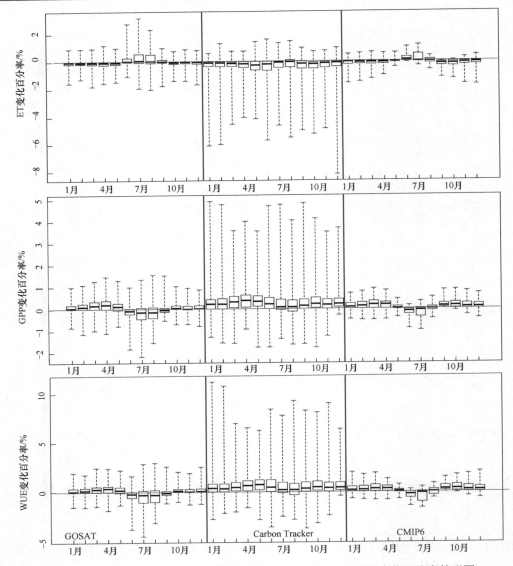

图 5.8　空间均匀和非均匀 CO_2 引起的 ET、GPP 和 WUE 月值变化百分率箱形图

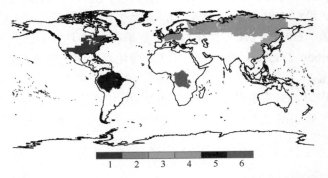

图 5.9　非均匀 CO_2 引起 ET、GPP 和 WUE 年季变化敏感的区域

上述结果给出了由于非均匀 CO_2 引起的 ET、GPP 和 WUE 年季变化及空间分布规律。总结而言，与空间均匀 CO_2 相比，空间非均匀 CO_2 引起的 ET、GPP 和 WUE 的变化较小。三种空间非均匀 CO_2 数据相比，Carbon Tracker CO_2 引起的变化相对最大，且在全球大部分地区都引起 ET 减小，GPP 和 WUE 增加。而 GOSAT CO_2 和 CMIP6 CO_2 主要在夏季引起 ET 减小，GPP 和 WUE 增加，尤其是俄罗斯地区。另外，在夏季亚马孙雨林和刚果雨林出现明显的 ET 负值。东亚在 12 个月内一直存在 ET 的负值。不同空间不均匀 CO_2 结果的差异反映了使用数据对结果的影响，相对而言，GOSAT CO_2 和 CMIP6 CO_2 具有更好的一致性和可靠性。

5.3　基于海陆气耦合模式非均匀二氧化碳对地气碳通量交换的影响

5.3.1　非均匀二氧化碳对陆气碳通量影响的分析方法与试验设计

在这项研究中，我们估算了非均匀 CO_2 在单个区域（网格单元或每种植被功能型类型）通过 CO_2 辐射强迫对陆地生态系统 NPP 的贡献。

计算式为

$$C_j = \frac{\sum_{t=1}^{n}\left|\Delta\mathrm{NPP}_{jt}\right|}{\sum_{t=1}^{n}\left|\mathrm{NPP}_t\right|} \tag{5.9}$$

式中，$\left|\Delta\mathrm{NPP}_{jt}\right|$ 是第 t 时间在第 j 个区域非均匀试验模拟的 NPP 减去均匀试验的 NPP 的绝对值（单位：g C/a），NPP_t 是第 t 时间均匀 CO_2 强迫的下陆地生态系统 NPP。C_j 表征的是第 j 个区域非均匀 CO_2 通过辐射强迫引起的 NPP 的变化对整个陆地生态系统 NPP 的贡献。

我们在此使用了包括碳循环的海–陆–气耦合模式（the flexible global Ocean-atmosphere-land system model，FGOALS）（Bao et al.，2013），该模式已参加了 CMIP5 多模式比较计划，并在政府间气候变化专门委员会（IPCC）的第五次评估报告中被使用。这是一个全耦合的地球系统模式。它由四个独立的模型组成，同时模拟地球的大气分量（Spectral Atmosphere Model of the LASG IAP version 2，SAMIL2）、海洋分量（LASG IAP Climate Ocean Model version 2，LICOM2）、陆面分量（atmosphere-vegetation interaction model，AVIM）和海冰分量（Community Sea Ice Model，CSIM），并且包括一个耦合器分量（Coupler，CPL6）。陆地部分使用了交互式碳循环模型，在海洋部分使用了生态系统–生物地球化学模块。FGOALS 中，模拟的大气 CO_2 浓度与陆面 CO_2 通量完全耦合，因此可以直接用于计算 CO_2 辐射强迫。多年冻土融化导致的甲烷释放可能对变暖产生巨大影响。但是 FGOALS-AVIM2.0 目前仅具有非常简单的冻土模型，并且不包括海洋甲烷排放。我们使用的 FGLOAL-AVIM 2.0 版的分辨率为 2.81°×1.66°。

此版本的 FGOALS 以前曾用于评估 CO_2 辐射强迫在不同的 CO_2 突然增加四倍的浓度下对总云量、温度、水蒸气的影响（参考）。对模型性能的评估发现，FGOALS 可以很好地重现 Wang 等（2013）估计的年平均初级总产值（GPP）和净初级产值（NPP）。贝加尔湖盆地的夏季平均蒸发量和年均径流量（Törnqvist et al.，2014），以及全球主要的生物地球化学通量和碳库大小（Peng and Dan，2014）。

CMIP6 提供的大气 CO_2 浓度的时间序列（即化石燃料燃烧、水泥制造和油田天然气燃烧）的时间序列为 1850～2014 年，分辨率可以达到月尺度。由于来自 CMIP6 的大气 CO_2 变量仅考虑其在纬向而不包括经向上的空间变化。为了充分反映大气 CO_2 的空间差异和人为碳排放对其空间分布的影响，我们采用了 1°×1°分辨率的人为 CO_2 开放数据清单（ODIAC）（Oda et al.，2018），建立了每个像素的碳排放量与纬度平均碳排放量之间的定量关系。假定该量化关系也适用于每个像素的大气 CO_2 浓度与 CMIP6 的纬向平均 CO_2 浓度之间的关系。既充分考虑了 CO_2 浓度空间差异，也考虑了人为碳排放对 CO_2 浓度空间分布的影响。使用重采样方法，将 1850～2005 年的 CO_2 浓度数据从 1°×1°空间分辨率转化为 FGOALS 大气和陆面分量的空间分辨率，即 2.81°×1.66°的空间分辨率。在此基础上，我们将 CO_2 数据作为强迫数据输入到耦合模式中。

为了量化非均匀 CO_2 产生的辐射强迫对陆–气碳通量的影响，我们使用 FGOALS-AVIM2 进行了均匀和非均匀 CO_2 两组模拟，并使用考虑大气–海洋–陆面–海冰的全耦合模式和只考虑大气–陆面分量的模拟来评估 NPP。从 1850～2005 年，进行了四组模拟实验（表 5.1）：试验 A1 包括了大气、陆地、海洋和海冰分量，同时考虑了 CO_2 的时空变化的非均匀性；试验 A2 在全球范围内使用了相同的 CO_2 水平，没有空间变化，但是 CO_2 浓度会随时间改变；试验 B1 考虑了 CO_2 浓度的空间的非均匀性，仅耦合了大气和陆面分量，而没有考虑海洋和海冰动力学机制的影响。试验 B2 仅考虑了 CO_2 浓度随时间的变化，不包括 CO_2 浓度的空间变化的非均匀性性，仅包括大气和陆面分量。试验 A1 和 A2 或试验 B1 和 B2 之间差异可以表征 CO_2 浓度非均匀性的影响。众所周知，施肥效应是影响植被和碳存储主要驱动力（Peng et al.，2014b；Peng and Dan，2015），由于本书着重研究 CO_2 辐射强迫的影响，因此在我们的模拟中并未包括 CO_2 的施肥效应的影响，将陆面中 CO_2 浓度固氮在 355ppm 水平。同时，本研究的模拟中也没有考虑土地利用的影响。

表 5.1　模拟试验设计

模拟	CO_2 强迫	组成
A1	时空变化	大气、陆地、海洋和海冰
A2	仅时间变化	大气、陆地、海洋和海冰
B1	时空变化	仅包含大气和陆地
B2	仅时间变化	仅包含大气和陆地

5.3.2　非均匀二氧化碳对气候要素场和碳通量时空分布的影响

1956～2005 年，CO_2 浓度在南北半球表现出极大的差异。澳大利亚、大部分的非洲和南美洲的南部，CO_2 浓度较低，而在欧洲、美国的东部和东亚地区，CO_2 浓度较大。在同一时期，试验 A1 和 B1 使用了相同的 CO_2 辐射强迫驱动，而试验 A2 和 B2 则使用了相同的 CO_2 辐射强迫。CO_2 的空间变化范围在 339～351ppm（图 5.10）。试验 A1 和 A2 或 B1 和 B2 之间的较最明显的区域分布在欧洲、美国东部和东亚。

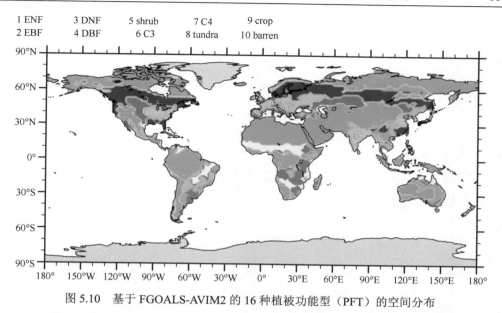

图 5.10　基于 FGOALS-AVIM2 的 16 种植被功能型（PFT）的空间分布

　　表 5.2 和图 5.11 给出了当前条件下（2000～2005 年）试验 A1，A2，B1 和 B2 的 NPP 模拟结果。选择同期的 TRENDY 和 MODIS 的 NPP 数据与我们的试验结果进行了比较。TRENDY 数据集由七个基于过程的陆地生态系统模型模拟组成（Zhang et al.，2016）。在这里，我们选择了没有土地利用变化和火灾的实验 S2，包括 CLM4C、CLM4CN、LPJ、LPJ-GUESS、OCN、SDGVM 和 TRIFFID（Piao et al.，2013）。结果表明，我们试验 A1 结果与 TRENDY 同期结果有很好的一致性。

表 5.2　1956～2005 年非均匀 CO_2 的辐射强迫对气候变量和碳通量的影响

可变量	范围	A1～A2	B1～B2
CO_2	全球	−0.0007±0.0037	
降水量/（mm/a）	陆地	6.77±21.45	−9.26±14.72
	海洋	5.89±14.15	−9.58±9.92
地表温度/℃	陆地	0.57±0.45	0.02±0.05
	海洋	0.45±0.38	0.07±0.08
潜热通量/（W/m²）	陆地	0.59±1.23	−0.64±0.93
	海洋	0.38±0.80	−1.06±0.51
感热通量/（W/m²）	陆地	−0.29±0.46	−0.07±0.31
	海洋	−0.20±0.42	−0.03±0.23
地表净辐射通量/（W/m²）	陆地	0.79±0.69	0.45±0.31
	海洋	0.59±0.63	0.47±0.24
土壤蒸发量/[kg/（m²·a）]	陆地	3.99±7.52	0.57±3.81
植被蒸发量/[kg/（m²·a）]	陆地	0.43±4.90	0.96±3.81
土壤蒸腾量/[kg/（m²·a）]	陆地	1.91±5.70	0.35±1.58
地表径流量/[kg/（m²·a）]	陆地	3.00±6.18	2.53 ±5.61

可变量	范围	A1～A2	B1～B2
土壤湿度/（kg/m²）	陆地	0.03±0.04	0.01±0.02
大气比湿度/%	陆地	0.00±0.00	0.00±0.00
NPP/[gC/（m²·a）]	陆地	−3.39±12.33	0.88±8.86
NEP/[gC/（m²·a）]	陆地	1.08±19.39	1.43±2.61
RH/[gC/（m²·a）]	陆地	−4.95±24.67	−0.55±10.04

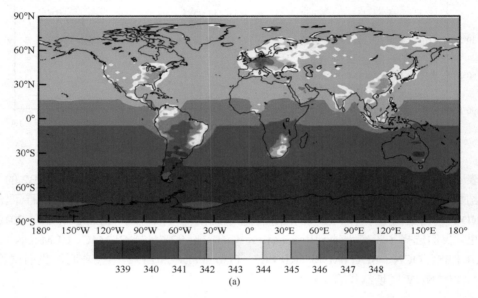

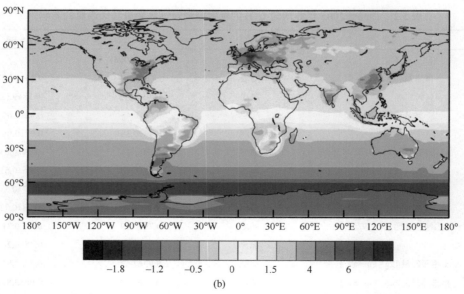

图 5.11　（a）1956～2005 年期间，基于 FGOALS-AVIM2 的大气 CO_2 浓度的空间分布（单位：ppmv）；
（b）同一历史时期，试验 A1 减去 A2 或 B1 减去 B2 CO_2 浓度空间变化（单位：ppmv）

我们模拟 NPP 范围为 51.39～56.47 Pg C/a，相比 Piao 等（2009）估算的～70Pg C/a 结果偏低，但高于 Thornton 和 Zimmermann（2007）估算的 41Pg C/a（图 5.12）。四个试验模拟的 NPP 更接近于 Zhao 等人的估算值，为～56.02Pg C/a（Zhao et al.，2005）。在全球范围内，历史时期 CIMP5 的年平均 NPP 为～62.6 Pg C/a（Wieder et al.，2015）；或同期 TRENDY 结果为 55.53Pg C/a；我们基于 FGOALS-AVIM2、A1、A2、B1 和 B2 试验模拟结果分别为：（53.80±2.54）Pg C/a、（53.75±2.95）Pg C/a、（58.75±1.46）Pg C/a、（59.36±2.73）Pg C/a。

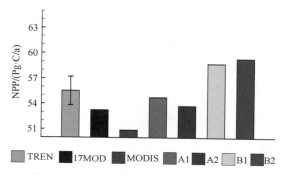

图 5.12　2000 年陆地生态系统 NPP 的比较

基于 TRENDY（TREN，橙色）或 17 个模型的平均值（17MOD，黑色），MODIS（MODIS，棕色），基于 FGOALS-AVIM2 考虑了非均匀性 CO_2 的全耦合，包括大气、陆面、海洋、海冰分量的 NPP（A1，红色），包括大气、陆面、海洋、海冰完全耦合，使用均匀 CO_2 浓度的 NPP 模拟解雇（A2，蓝色），基于 FGOALS-AVIM2，使用了非均匀 CO_2 浓度，仅考虑耦合陆气相互作用的 NPP（B1，粉色），仅考虑陆气相互作用，均匀的 CO_2 模拟的 NPP（B2，绿色）

1956～2005 年，基于大气–海洋–海冰–陆面全耦合模拟结果，非均匀 CO_2 的辐射强迫引起了全球低云量增加约 0.002%±0.005%（图 5.13），净辐射通量增加，约为（0.52±0.55）W/m²，

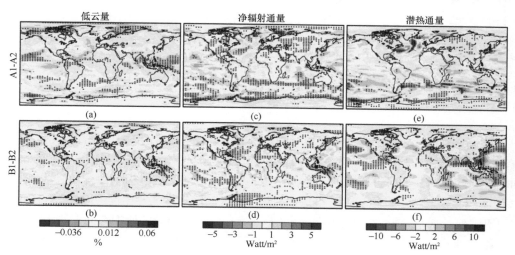

图 5.13　1956～2005 年期间非均匀 CO_2 对低云量 [（a）、（b）] 影响的空间分布；太阳净辐射 [（c）、（d）] 影响的空间变化；潜热通量 [（e）、（f）] 影响的空间变化

黑点区域表征使用 t 检验通过 5% 显著水平的区域

全球潜热通量增加，约为（0.36±0.97）W/m²。与之对比，只耦合了大气–陆面的模拟结果表明：低云量略有减少，约为 0.001%±0.003% 太阳净辐射增加较少，约为（0.45±0.31）W/m²，潜热通量减少，约为（0.644±0.93）W/m²。

为了进一步分析由非均匀 CO_2 辐射强迫对 NPP 影响的原因，我们分析了变量（地表温度、降水、ET 和土壤水分）的变化。1956~2005 年，在这个历史时期内，基于完全耦合的大气、陆面、海洋和海冰的试验 A1 减去试验 A2，温度增加，约（0.57±0.45）℃，相比，仅仅考虑大气和陆面耦合而没有包括海洋和海冰动态变化，温度增加仅为（0.02±0.05）℃，主要分布在欧洲南部，美国东部和东亚。仅在考虑到大气和陆面相互作用，温度的空间分布与非均匀 CO_2 空间分布有很好的对应（图 5.14）。对于热带地区，基于完全耦合的大气–陆面–海洋–海冰全耦合模拟试验，地表温度对非均匀 CO_2 的辐射强迫的响应强度>0.2℃，尤其是在亚马孙流域、中非和亚洲热带地区，而仅耦合大气–陆面模拟试验表明了这些区域的温度增加强度较弱。两种不同分量组合的差异可以表征温度对海洋和海冰动力学机制的响应。

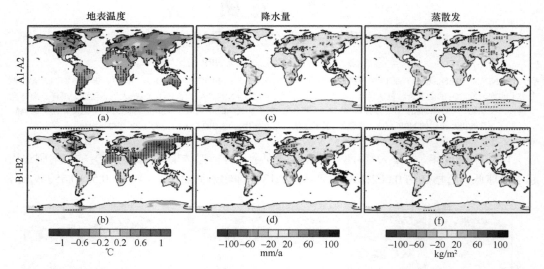

图 5.14　1956~2005 年期间非均匀 CO_2 对地表温度 [（a）、（b）]、降水 [（c）、（d）] 和蒸散发 [（e）、（f）] 的影响

1956~2005 年，北半球大多数地区的降水增加，但欧洲南部、美国东部和东亚的降水量却没有增加，这是由于非均匀 CO_2 的辐射强迫影响在不同区域有明显的差异（图 5.15）。同一时期，不同分量组合的模拟试验也存在差异。考虑到大气–陆地–海洋–海冰的耦合，非均匀 CO_2 辐射强迫引起了除了亚马孙等热带地区的降水增加要比仅考虑大气–土面相互作用更强烈。这是由于大多数地区，特别是北半球，潜热通量的增加有助于降水的增加。

相应地，对于大部分陆地生态系统，不同分量组合模拟的蒸散发（ET）对非均匀 CO_2 的辐射强迫的响应的方向和强度都存在很大差异（图 5.15）。例如，全耦合模拟试验表明 CO_2 非均匀的辐射强迫引起北半球北纬 50° 以北的 ET 增加，而在欧洲的南部、美国东部则下降。和东南亚相反，仅考虑陆–气间的相互作用，CO_2 辐射强迫引起了低

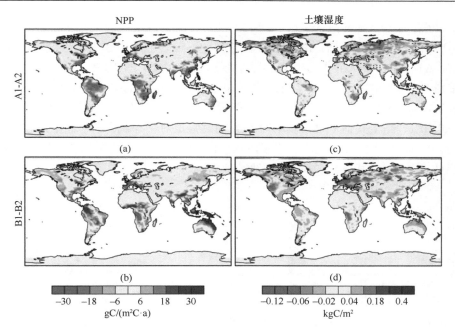

图 5.15　1956～2005 年期间非均匀 CO_2 对净初级生产力 [（a）、（b）] 和土壤湿度 [（c）、（d）] 的影响

纬度地区、美国东部地区 ET 的增加，而且这种增加明显大于充分考虑大气、陆面、海洋和海冰相互作用的增加强度。

为了量化非均匀 CO_2 辐射强迫对净初级生产力的影响，我们模拟了 1956～2005 年非均 CO_2 和均匀 CO_2 的 NPP 变化。具体来说，非均匀 CO_2 试验中，我们在每个 FGOALS-AVIM2 网格使用了不同的 CO_2 数据；均匀的 CO_2 试验中，每个网格使用了相同的 CO_2 数据，将两组试验差表征 CO_2 非均匀辐射强迫对 NPP 的影响。另外，需要指出的是，为了评估 CO_2 辐射强迫的影响，陆面过程的 CO_2 的浓度均固定在 355ppm（接近当前历史的阶段的 CO_2 浓度）。

1956～2005 年，在完全耦合的大气、陆面、海洋和海冰情况下，非均匀 CO_2 辐射强迫引起了 NPP 下降，约为（–3.4±12.3）g C/（m^2·a）或（–0.5±1.9）Pg C/a；仅考虑大气和陆地相互作用时，非均匀 CO_2 的辐射强迫引起了 NPP 增加，约为（0.9±8.9）g C/（m^2·a）或（0.1±1.4）Pg C/a（图 5.15）。

当充分考虑大气、陆面、海洋和海冰相互作用时，非均匀 CO_2 的辐射强迫引起了土壤湿度下降 [图 5.15（c）]，相反，只考虑陆-气相互作用时，非均匀 CO_2 的辐射强迫引起了土壤湿度增加 [图 5.15（d）]。这与 NPP 变化的空间分布一致。进一步表明：非均匀 CO_2 的辐射强迫通过影响土壤湿度，进而影响 NPP。比如，充分考虑大气、陆面、海洋和海冰相互作用时，欧洲的南部、美国东部、东亚、亚马孙流域，以及中非的土壤湿度减少，导致了 NPP 减少。相反，仅考虑陆气相互作用，美国东部、亚马孙河流域，以及中非的土壤湿度增加，引起了这些区域 NPP 的增加。

1956～2005 年，尽管在全球范围，基于模拟实验 A1 减去 A2 或 B1 减去 B2，二氧化碳累积变化仅为～0.3%，同期这种 CO_2 非均匀的辐射强迫，导致了 NPP 发生了明显的变化，分别为 14.3%或 11.5%（图 5.16）。两种不同分量的组合之间的差异可反映海洋和海冰在气候系统中的贡献。由于通过非均匀 CO_2 辐射强迫引起了全球变暖，基于完全耦合试验 A1 减去 A2，由非均匀 CO_2 辐射强迫引起了 C3 的 NPP 变化范围为 0.97%～1.53%农作物的 2.92%～4.03%，而仅大气和土地相互作用的 C3 为 1.76%～2.23%，农作物为 2.56%～3.32%。对于不同植被功能型（PFT）（例如农作物），CO_2 变化范围为 0.05%～0.10%，高于其他 PFT。非均匀 CO_2 辐射强迫对常绿阔叶林（EBF）的影响最大，基于试验 A1 减去 A2，CO_2 非均匀辐射强迫引起 NPP 的变化范围为 2.53%～4.65%，高于试验 B1 减去 B2，其变化范围为 1.93%～3.05%。

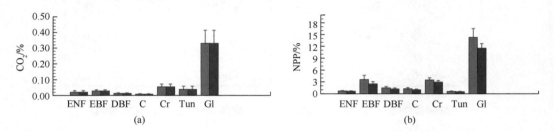

图 5.16　　1956～2005 年 FGOALS-AVIM2 模拟的非均匀 CO_2 引起植被功能型（a）CO_2 累加（单位：%）和（b）NPP 累加变化（单位：%）

ENF：常绿针叶林；EBF：常绿阔叶林；DBF：落叶阔叶林；C：草地；Cr：农作物；Tun：苔原；Gl：陆地生态系统；误差棒，1 倍标准差

5.3.3　非均匀二氧化碳对地气碳通量交换影响的机理分析

　　CO_2 通过辐射强迫和施肥效应共同影响陆地生态系统碳循环，其中辐射强迫直接作用气候系统，进而影响碳循环。目前，CO_2 非均匀辐射强迫影响未被重视。由于大气非均匀 CO_2 的辐射强迫引起了全球变暖，进而影响了陆地。目前，大多数研究都没有考虑到这一点。第五次地球系统多模式比较计划（CMIP5）表明在 1995～2004 年期间，陆地 NPP 为 62.6 Pg C/a（Wieder et al.，2015）。但是，该分析未考虑非均匀 CO_2 对气候系统的影响。本章分析揭示了非均匀 CO_2 辐射强迫对 NPP 贡献可达 14.26%±2.22%。这一结果凸显了非均匀 CO_2 在陆地碳循环中的巨大调节作用，需要更加重视这一过程在动态海冰和海洋的耦合模式的重要作用。

　　为了评估海洋和海冰机制对陆地 NPP 的贡献，我们除了考虑大气、陆面、海洋、海冰相互作用的模拟试验，还增加了仅仅考虑陆-气相互作用的试验 B1 和 B2。因此，试验 A1 减去 A2 和试验 B1 减去 B2 之间的差异可以反映出海洋和海冰机制对 NPP 的影响。特别是，与仅考虑陆-气相互作用试验结果相比，基于全耦合模拟试验，海温（sea surface temperature，SST）的增加明显，约为（0.45±0.38）℃。在更温暖的条件下，海温与净辐射、低云间正反馈可以解释这一结果。根据前人研究结果，海洋表面的净太阳辐射增加会导致大气更加不稳定，从而加强了对流运动（Sun et al.，2020）。结果表明，全耦合模式模拟潜热通量的增加幅度更大，约为（0.36±0.97）W/m^2，这有助于降水的增加。因此，随着海温的升高，水循环会加速，降水和土壤湿度均会发生相应的变化。

从空间上看，在高纬度地区（例如>60°N 地区），由于非均匀 CO_2 辐射强迫，导致冰面积减少（图 5.17）。在该区域的大部分地区，显示出降水增加。在完全耦合模拟试验中，这种变化可以通过在高纬度地区融化的冰面积增加和水汽增加之间出现的正反馈解释。最近的研究表明，北极海冰减少在气候和生态系统中起着重要作用（Meier et al.，2014）。具体而言，更强的变暖导致 FGOALS-AVIM2 的海冰损失增加，这反过来又通过减少反照率引起了更多海冰融化，并进一步降低了反照率（Meier et al.，2014）。海冰减少反馈可以放大高纬度地区气候系统的变化（Meier et al.，2014；Dai et al.，2019）。通过包括海冰的完全耦合模式，本书评估了高纬度地区温度和降水的增加比不包括海冰动力机制的模拟结果更强烈。海冰融化的增加引起了高海地区温度和土壤湿度的增加，有利于苔原植被类型的 NPP 增加。总体而言，海冰减少的机制可能会放大高纬度地区非均匀 CO_2 的对 NPP 的影响。

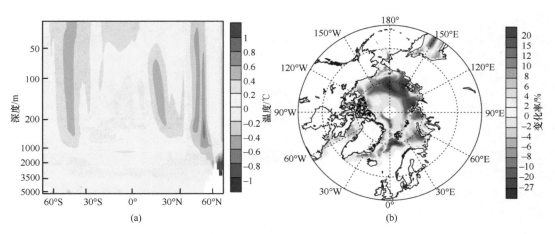

图 5.17　1956～2005 年，基于 FGOALS-AVIM2，试验 A1 减去 A2 的（a）海温随海洋深度变化和（b）海冰面积变化

我们研究结果，与前人关于 CO_2 辐射强迫的研究结果相一致，并且对我们理解与气候变化相关的碳通量变化具有重要意义（Cao et al.，2010）。一方面，非均匀 CO_2 浓度辐射强迫改变了地面热量收支（图 5.13），然后继续在空间上调节地表气候；另一方面，非均匀 CO_2 的辐射强迫改变了大气环流（图 5.18），从而进一步影响陆地水循环和土壤湿度。因此，由非均匀 CO_2 触发的区域尺度的水循环通量的变化，改变了陆地 NPP。其中，全球范围内，相对湿度增加并不意味着有效降水的增加。相比之下，基于完全耦合模式进行的模拟结果，西风减弱，从而抑制了从大西洋输送到欧洲大陆的湿润空气，引起了降水的减少，和土壤湿度的降低。在美国东部，向东的径向环流得到了加强。这样的循环方式不利于海洋水汽输送到美国东部大陆。在东亚，向东的径向环流也得到加强。然后它将抑制来自东太平洋的季风，从而减少了降水和土壤湿度，引起 NPP 的减少。

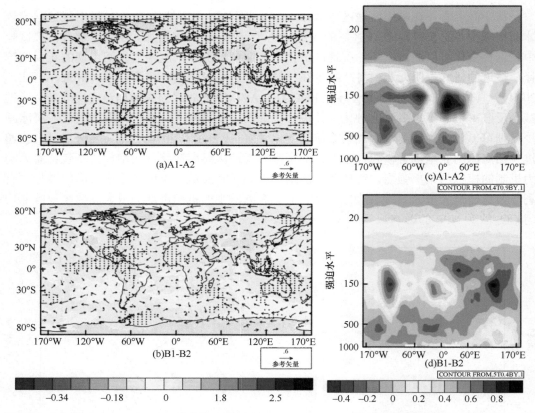

图 5.18　（a）和（b）：1956～2005 年期间，基于 FGOALS-AVIM2，非均匀 CO$_2$ 辐射强迫对比湿（单位：g/kg）叠加 850 hPa 风场（矢量；m/s）的空间分布；（c）和（d）：同一时期，非均匀 CO$_2$ 辐射强迫从赤道附近区域（10°S～10°N）的风场垂直分布

正值表示上升运动；负值表示下沉运动

　　1956～2005 年期间，全耦合模式模拟结果显示，由于非均匀性 CO$_2$ 辐射强迫的影响，10°S～10°N 赤道区域（图 5.18）上方的垂直下沉运动异常，会减少降水和土壤湿度，进而降低 NPP。相反，没有海洋和海冰动力机制的模拟试验表明，靠近赤道上方的垂直上升运动增加将有利于增加降水，进而增加土壤湿度，可促进 NPP 的增加。因此，非均匀 CO$_2$ 辐射强迫通过改变大气环流，可影响 NPP 变化的空间格局。

　　在未来，CO$_2$ 施肥效应可以影响陆地 NPP（Swann et al.，2016），由于本书研究侧重点放在辐射强迫的影响和机制探讨，所以没有考虑施肥效应的影响。对于陆面过程，分析中去除了 CO$_2$ 施肥效应的影响，CO$_2$ 浓度固定为 355ppm，如果考虑 CO$_2$ 施肥效应随时间和空间变化，结果可能会有所不同，将需要进一步研究。

　　在 1956～2005 年历史时期，我们研究评估了非均匀 CO$_2$ 辐射强迫对 NPP 的影响。主要结果可总结如下：

　　模拟结果表明，在 1956～2005 年的历史时期内，非均匀 CO$_2$ 空间变化范围为 0.23%～0.40%。使用包括海洋和海冰动力学的完全耦合模拟结果表明，非均匀 CO$_2$ 对陆地 NPP

贡献达 14.26%±2.22%，或者仅考虑陆气相互作用而不包括海洋和海冰动力机制的贡献为 11.51%±1.13%。

基于全耦合的大气、陆面、海洋和海冰的 FGOALS-AVIM2 模拟结果，在高纬度地区，非均匀 CO_2 辐射强迫在对 NPP 贡献大于仅仅考虑陆气相互作用的模拟结果。这一差异可能是由于海冰减少的正反馈所致。考虑海冰动力机制的影响，在高纬度苔原地区，FGOALS-AVIM2 模拟土壤湿度增加了约 1.41%~1.71%，苔原植被 NPP 响应强度增加了 9.01%~12.14%。综合而言，评估陆地碳循环时，应考虑通过非均匀 CO_2 辐射强迫产生的影响。

5.4 碳中和目标下区域碳通量的时空演变和机理研究

5.4.1 碳中和目标下区域碳通量的时空演变和机理研究的方法及试验设计

CABLE 陆面模式包括生物地球化学模型，可以预测冠层叶面积指数（LAI）和最大叶片羧化率（Vcmax）。它使用叶碳库大小的函数来计算冠层 LAI（Wang et al.，2010）。应用 CABLE 已经开展了生物固氮对陆地固碳的影响（Peng et al.，2020）、GPP（Beer et al.，2010）、蒸发量（Zhang et al.，2013）和碳通量，以及碳库和氮库大小的评估研究（Wang et al.，2010；2011）。本书使用 CABLE 包括了全球氮循环（Wang et al.，2011；Peng et al.，2020）。此外，所有库的 N：P 比率均是固定的，即不包括磷循环的变化。详情可参见 Peng 等（2020）。

1901~2005 年的气象数据是由全球碳项目的提供的变量产品（Qian et al.，2006）。2006~2100 年，高排放情景下（RCP 8.5）（Hurrell et al.，2013）使用地球系统模式 CESM 1.0 版本输出的气候变量数据（表 5.3）。

表 5.3 研究所用的地球系统模式

模式名称	空间分辨率	陆面模式	有/无氮循环	有/无野火模式	参考文献
ACCESS-ESM1.5	1.875°×1.25°	CABLE	Yes	No	Ziehn 等（2020）
BCC-CSM2-MR	1.125°×1.125°	AVIM2	No	No	Wu 等（2019）
CanESM5	2.81°×2.81°	CLASS-CTEM	No	No	Arora 和 Scinocca（2016）
CESM2	0.9°×1.25°	CLM5	Yes	Yes	Danabasoglu 等（2020）
CNRM-ESM2-1	1.4°×1.4°	ISBA-CTRIP	No	Yes	Séférian 等（2016）
IPSL-CM6A-LR	2.5°×1.3°	ORCHIDEE	No	No	Hourdin 等（2020）
UKESM1-0-LL	1.875°×1.25°	JULES-ES1.0	Yes	No	Sellar 等（2019）

为了研究 CO_2 浓度、气候变化、BNF 和大气 N 沉降对碳汇趋势的影响，本书模拟了 1936~2005 年和 2031~2100 年期间的碳汇趋势，包括：使用在 1901 年之后大气 CO_2 浓度没有变化（试验 2）、气候变化没有变化（试验 3）、生物固氮（BNF）没有变化（试验 4）、N 沉降没有变化（试验 5），以及 1901 年后上述变量均变化（试验 1）（表 5.4）。试验 1 和 2、试验 1 和 3、试验 1 和 4，以及试验 1 和 5 之间的差值分别表示了大气 CO_2、

气候变化、BNF 和增加的 N 沉降对碳汇趋势的影响。

表 5.4　基于 CABLE 试验设计

试验名称	CO_2 变化	气候变化	生物固氮	氮沉降
试验 1	Time-varying	Time-varying	Time-varying	Time-varying
试验 2	Fixed at 1901	Time-varying	Time-varying	Time-varying
试验 3	Time-varying	Fixed at 1901	Time-varying	Time-varying
试验 4	Time-varying	Time-varying	Fixed at 1901	Time-varying
试验 5	Time-varying	Time-varying	Time-varying	Fixed at 1901

5.4.2　碳中和目标下区域碳通量的时空演变结果分析

在历史条件（1936～2005 年）下，地表气温、CO_2 浓度和大气氮沉降等为模式输入数据。其中 BNF 是模式的诊断变量（Peng et al., 2020）。选择这一时期是为了与 2031～2100 年未来高排放情景（RCP8.5）结果进行对比。1936～2005 年，结果表明"一带一路"地表气温趋势为 0.012℃/a、大气 CO_2 浓度趋势为 1.02 ppm/a，BNF 趋势为（0.10 Tg·N/a）和大气氮沉积趋势为 0.45 Tg·N/a。相比之下，未来（2031～2100 年）条件下，该区域地表气温、CO_2 浓度、BNF 和 N 沉积的估计趋势差异很大，分别为 0.054℃/a、7.13 ppmv/a、0.16 Tg·N/a² 和 0.08 Tg·N/a²。

为了评估 CABLE 的模拟性能，将 CMIP6 ESM 集合（表 5.4）的净生态系统产力与 CABLE 的净生态系统产力结果进行了比较（图 5.19）。可以看出，区域尺度不同模式 NEP 模拟的趋势存在很大差异。1936～2005 年，CABLE 模拟的碳汇趋势为 0.015 Pg C/a²，而 CMIP6 集合结果略小于 CABLE 的结果。未来从 2031～2100 年，CALBE 和 CMIP6 集合模拟的净生态系统产力趋势分别下降了 –0.023 和 –0.009 Pg C/a²。未来条件下 CABLE 和 CMIP6 集合模拟的"一带一路"净生态系统产力趋势与历史条件下的趋势明显不同（图 5.19）。1936～2005 年，CABLE 和 CMIP6 集合模拟"一带一路"碳汇趋势均呈现微弱上升趋势。然而，在未来条件下，CABLE 模拟净生态系统产力呈现下降趋势，而 CMIP6 集合结果为上升趋势。

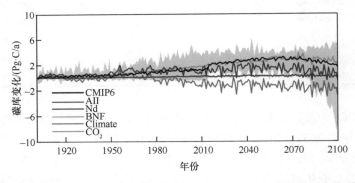

图 5.19　1901～2100 年"一带一路"地区 CMIP6 和 CABLE 模拟的净生态系统生产力

为了量化不同因素对碳汇的影响，我们分别模拟了 1936～2100 年期间的 CO_2 浓度、气候变化、生物固氮和大气氮沉降对 NPP、RH 和 NEP 影响（图 5.20）。结果表明，从 1936～2005 年 CABLE 模拟的净初级生产力和土壤呼吸分别为 0.064 Pg C/a² 和 0.0489 Pg C/a²。因此，区域碳汇的正趋势是由于增加趋势引起。在未来条件下，随着时间的推移，净初级生产力的增加趋势为 0.064 Pg C/a²，相比较土壤呼吸的增加趋势更大，为 0.086 Pg C/a²。随着大气 CO_2 浓度的增加，CABLE 模拟 1936～2005 年净初级生产力和土壤呼吸的增加趋势分别为 0.071 Pg C/a² 和 0.041 Pg C/a²（图 5.20 和图 5.21）。未来情景下，由于 CO_2 浓度的影响，"一带一路"地区净初级生产力和土壤呼吸趋势分别为 0.143 Pg C/a² 和 0.140 Pg C/a²，土壤呼吸的增加趋势略小于净初级生产力。

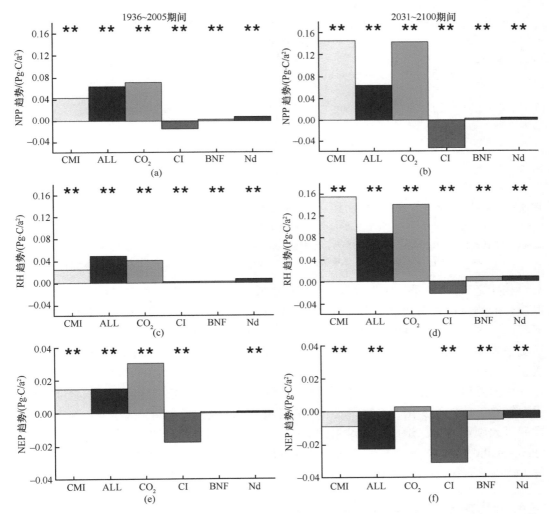

图 5.20　在历史（1936～2005 年）和未来（2031～2100 年）条件下所有因素（ALL）、大气 CO_2 浓度、气候变化、生物固氮和大气氮沉降对 CABLE 的净初级生产力 [（a）、（b）]、土壤呼吸 [（c）、（d）] 和净生态系统生产力 [（e）、（f）]

CMI 表示 CMIP6 集合结果，双星号（**）表示基于 t 检验方法通过 5% 的水平的统计检验

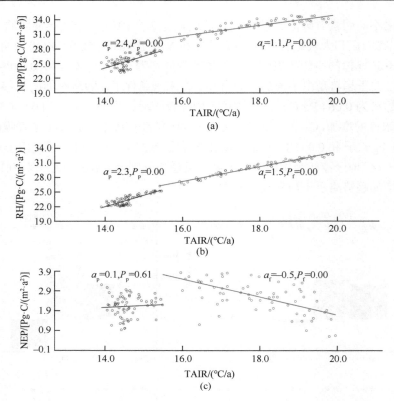

图 5.21　1936～2005 年（蓝色）和 2031～2100 年（红色）净初级生产力（a）、土壤呼吸（b）和净生
态系统生产力（c）对地表气温（TAIR）的响应

a_p 和 a_f 分别表示历史和未来条件下净初级生产力、土壤呼吸或净生态系统生产力对 TAIR 的敏感性；P_p 与 P_f 分别表示当前
或历史条件下净初级生产力、土壤呼吸、净生态系统生产力对 TAIR 敏感性的统计显著性水平

相比之下，"一带一路"地区 CABLE 模拟的净初级生产力和土壤呼吸的趋势对气候变化的响应在方向和幅度上都有很大差异（图 5.20）。无论是历史还是未来，NPP 呈下降趋势。未来土壤呼吸对气候响应不同于历史条件的结果，具体而言，土壤呼吸从历史条件下增加转变为显著下降趋势。在未来条件下，土壤呼吸下降幅度远大于净初级生产力。

在历史和未来条件下，生物固氮对净初级生产力与土壤呼吸趋势的影响强度明显小于大气 CO_2 或气候变化。生物固氮的增加引起土壤呼吸的增加趋势大于净初级生产力，进而引起碳汇减少。造成这种结果的原因之一可能是生物固氮对腐殖质碳库的正反馈（Peng et al.，2020）。未来条件下，大气氮沉积引起的净初级生产力或土壤呼吸趋势影响，与生物固氮有很好的一致性。

5.4.3　碳中和目标下区域碳通量的机理分析

基于 CABLE，"一带一路"净生态系统产力趋势从历史的 0.015 Pg C/a² 变为未来 −0.023 Pg C/a²，其中对未来净生态系统产力下降趋势影响贡献最大的因素是气候变化。在未来变暖的情况下，地表气温升高引起了净生态系统产力下降（Ballantyne et al.，2017）。

结果表明，未来土壤呼吸对地表气温的响应大于 NPP（图 5.21）。CMIP6 集合结果显示净生态系统产力趋势高于 CABLE，已有结果表明氮限制作用是影响碳汇区域主要原因（Friedlingstein et al.，2013；Arora et al.，2020）。具体来说，本书中使用的 7 个参加 CMIP6 的地球系统模式中有 4 个没有包括氮循环。这可能会导致 CMIP6 集合结果的碳汇趋势大于 CABLE。

第6章 地表碳水通量的响应与反馈模拟研究

6.1 引　　言

气候是影响植被生长的重要因素，对全球主要植被类型的空间分布起主导作用（Dunn and Mackay，1995）。而植被通过与大气能量、CO_2 和水分的交换对气候产生深刻的影响。通过光合作用固定的碳在植被根部、茎和叶片之间进行分配及植被种间竞争，植被不断改变叶面积指数、植被高度等形态参数，以及种群结构，使地表反照率、粗糙度、零平面位移和气孔导度等陆面物理过程变量不断变化，进而对地表碳水循环和能量分配过程产生重要的作用。因此，植被的组成与分布对地表水循环和水平衡具有关键性的影响（Gerten et al.，2004）。陆地生态系统碳循环和水循环是大气与陆地生态系统相互作用过程中两个重要的基本过程，深入认识碳水循环过程及两者之间的相互作用对理解陆地生态系统和气候变化的关系有着重要意义。因此在未来大气中 CO_2 浓度增加及全球变暖背景下，在同一个动力框架下研究碳水循环过程和相互作用及碳水循环对气候变化的响应与反馈有着重要的科学意义。

陆面过程物理模式定量描述对气候系统有重要影响的陆气间辐射、热量、动量，以及水分交换过程（Sellers et al.，1986；Xue et al.，1991；Sellers et al.，1996）。引入碳水耦合机理的第三代陆面物理过程模式定量描述陆面与大气间 CO_2 交换过程（Sellers et al.，1996；Zhan et al.，2003；Dan et al.，2007；Dan et al.，2012；Peng and Dan.，2015）。第三代陆面模式与能够模拟瞬时植被覆盖率、叶面积指数和结构变化的动态植被模型相耦合，模拟研究植被与气候的相互作用与反馈（Cox et al.，2000；Bonan et al.，2003；Betts et al.，2004；Cowling et al.，2009）。垂向一维的陆面过程物理模式虽在垂直方向上较详细刻画了冠层截留、植被蒸腾、土壤蒸发、入渗和土壤水分运动，但忽略了地形引起的土壤水分空间非均匀性及其对蒸发和径流的影响（Stieglitz et al.，1996）。影响土壤水分大小和空间非均匀分布虽有多种因素，但到处存在的地形高程作用对流域土壤水分的空间非均匀分布起着关键的作用（Beven and Kirkby，1979；Beven，2000）。在重力作用下土壤水和地下水从高处流向低处汇集，造成坡面上土壤湿度低，而坡脚和河谷地带土壤湿度高的非均匀分布，而流域地形指数水文模型 TOPMODEL 正是反映了重力作用下地形对土壤湿度这种非均匀分布的影响。由于 TOPMODEL 的解是建立在明确的物理基础上且是简洁的解析解，不必像有的有物理基础的水文模型那样须求解复杂的数理方程，而且仅需要区域的地形资料的统计性质，对于研究地形对水文过程二维特性的影响，TOPMODEL 具有明显的优越性，受到研究者的关注并提出一些简化有效的耦合方案将TOPMODEL 与当前流行的陆面模式进行耦合，用于陆–气耦合相互作用研究（Stieglitz et al.，1996；Koster et al.，2000；Warrach et al.，2002；Douville，2003；Gedney and Cox，2003；Niu and Yang，2005；Deng and Sun，2012）。

简化的简单生物圈模型 SSiB（simplified simple biosphere model）是当前较流行的用于区域和全球陆面与大气相互作用的陆面过程模型（Xue et al.，1991），其第 4 版本 SSiB4 包括了 Collatz 等发展的植被光合与气孔导度模型（Zhan et al.，2003）。为了进一步探讨植被变化并通过与陆面水、能量和 CO_2 交换的相互作用对区域气候的影响，SSiB4 耦合了动态植被模型 TRIFFID（top-down representation of interactive foliage and flora including dynamics）（Cox et al.，2000）发展成生物物理/动态植被耦合模型 SSiB4/TRIFFID，并在全球不同气候分区用实测潜热、感热、CO_2 通量和卫星遥感反演的叶面积指数对 SSiB4/TRIFFID 进行单点模拟检验（Xue et al.，2006；Zhang et al.，2015；Liu et al.，2019）。在单点模拟检验基础上，为了将生物物理/动态植被模型 SSiB4/TRIFFID 更好地用于流域的碳水循环模拟，将 SSiB4/TRIFFID 与流域地形指数水文模型 TOPMODEL 进行耦合（以下记为 SSiB4T/TRIFFID），使耦合模型既具有模拟植被动态变化和详细刻画垂向蒸发、蒸腾和土壤水分运动的优势又考虑了流域土壤湿度空间非均匀性对径流的影响，更好地开展流域尺度的碳水循环模拟。而且以流域作为研究的基本单元可以使陆面模式与水文科学联系起来，可以利用流域长期的径流观测资料检验模型（Koster et al.，2000）。本章选择长江上游西南亚高山区的梭磨河流域和长江下游安徽省境内的青弋江流域进行不同气候情景下的植被演替和碳水通量模拟，模拟研究气候与森林植被对地表碳水通量的影响。

6.2　陆面模式 SSiB4-TRIFFID 与水文模式 TOPMODEL 的耦合

6.2.1　含碳循环的陆面模式 SSiB4-TRIFFID 简介

原始的 SSiB 有 8 个预报量：冠层温度 T_c、表层土壤温度 T_{gs}、深层土壤温度 T_d，冠层截留水分储量 M_c、地面截留固态（雪和冰）水分储量 M_g，三层土壤湿度 w_1、w_2 和 w_3（Xue et al.，1991）。地面和冠层感热通量和潜热通量在模型中作为诊断变量由预报量计算（Sellers et al.，1986；Xue et al.，1991），计算式如下

$$\lambda E_c = \left[e_*(T_c) - e_a \right] \frac{\rho c_p}{\gamma} \left[\frac{W_c}{r_b} + \frac{1 - W_c}{r_b + r_c} \right] \tag{6.1}$$

$$\lambda E_{wc} = \frac{e(T_c) - e_a}{r_b} \frac{\rho c_p}{\gamma} W_c \tag{6.2}$$

$$\lambda E_{dc} = \frac{e(T_c) - e_a}{r_c + r_b} \frac{\rho c_p}{\gamma} (1 - w_c) \tag{6.3}$$

$$\lambda E_{gs} = \left[f_h e_*(T_{gs}) - e_a \right] \frac{\rho c_p}{\lambda} \frac{1}{r_{surf} + r_d} \tag{6.4}$$

式中，λE_c 为冠层表面潜热通量，E_c 为冠层蒸散，E_{wc} 为冠层湿润部分的蒸发（冠层截留蒸发），E_{dc} 为蒸腾，E_{gs} 为土壤表面蒸发。λ 为汽化潜热，γ 为干湿表常数，ρ 为空气密度，c_p 为空气定压比热。e_a 为冠层空间高度处（canopy air space）的水汽压，$e_*(T_c)$ 为 T_c 时的饱和水汽压，$e_*(T_{gs})$ 为土壤表面温度下的饱和水汽压，f_h 为土壤表面空气相

对湿度，W_c 为冠层湿润分数（wetness fraction）。r_b 为叶片边界层阻力，r_{surf} 为土壤表面阻抗，r_d 为地表至冠层空间高度的空气动力学阻力，r_c 为冠层阻力。

SSiB 引入 Collatz 植被光合—气孔导度模型发展成 SSiB4 后，模型中又增加了与光合作用有关的 5 个方程（Zhan et al.，2003）。在 SSiB4 中，按月给出每个植被类型的叶面积指数，植被覆盖度和绿度等参数，这些植被参数没有年际变化。

TRIFFID 模型核心是 2 个描述植被碳密度 C_v（C_v 分解为叶片碳，根部和茎的碳）和植被覆盖率 ν 的微分方程，对于一种给定的植被类型，C_v 和 ν 的更新取决于该植被类型的碳平衡和其与其他植被类型之间的竞争[式（6.5），式（6.6）]。

$$\frac{dC_v}{dt} = (1-\lambda)\prod - \Lambda_l \tag{6.5}$$

$$C_v\frac{d\nu}{dt} = \lambda\prod\nu_*\{1 - \sum_j c_{ij}\nu_j\} - \gamma_v\nu_*C_v \tag{6.6}$$

式中，ν_*=MAX$\{\nu, 0.01\}$，$\prod$ 为该植被类型每单位植被覆盖面积净初级生产率（NPP），λ 是 NPP 用于增加该植被类型覆盖度的比例系数（假定其是叶面积指数 LAI 的线形函数），c_{ij} 是竞争系数，代表第 j 种植被类型对第 i 种植被类型的影响。Λ_l 为凋落物率。对于所有植被类型，ν_* 最小值不小于 0.01。γ_v 是大尺度扰动参数。

式 6.6 是基于 Lotka-Volterra 方程以处理不同植被类型和同一植被类型之间的竞争。c_{ij} 的值在 0～1，对于同一植被类型竞争，c_{ij}=1。对于不同植被类型之间的竞争，支配顺序为树–灌木–草。居支配地位的植被类型 i 限制居受支配地位的植被类型 j 的扩张（c_{ij}=1，而 c_{ij}=0）。但在树与树，草与草和灌木与灌木之间，c_{ij} 由他们的高度 h_i 和 h_j 决定。

$$c_{ij} = \frac{1}{1 + \exp\{20(h_i - h_j)/(h_i + h_j)\}} \tag{6.7}$$

凋落物 Λ_l 为

$$\Lambda_l = \gamma_l L + \gamma_r R + \gamma_w W \tag{6.8}$$

式中，γ_l，γ_r 和 γ_w 分别为叶片，根部和茎的碳转化为凋落物的速率。

叶片死亡率 γ_{lm} 除自然死亡影响外还受温度和水分的控制，不同的植被类型具有不同的影响植被落叶的临界温度和临界水分条件[式（6.9）]。

$$\gamma_{lm} = \gamma_0 FT \cdot FM \tag{6.9}$$

式中，γ_0 为叶片最小死亡率，FM 和 FT 分别为水分影响函数和温度影响函数。

土壤中的碳储量 C_s 的变化：

$$\frac{dC_s}{dt} = \Lambda_c - R_s \tag{6.10}$$

式中，Λ_c 为总的凋落物速率，R_s 为土壤呼吸速率。

SSiB4 与 TRIFFID 实行耦合后，SSiB4 输出的每个植被类型的冠层温度 T_c，土壤水分亏缺对光合作用的影响函数 $RSTFAC$ 2，植被冠层 CO_2 净同化速率 A_n，冠层暗呼吸速率 R_d 及对每个类型加权平均的土壤深层温度 T_d 和根系层土壤湿度 w_2 输送给 TRIFFID。T_c，$RSTFAC$ 2 作为温度和水分控制因子在 TRIFFID 中控制植被落叶率。T_d 和 w_2 为计算

土壤呼吸 R_s 所需。根据每个步长的 A_n 和 R_d 获得 10 天平均的净初级生产量以及由每个步长计算的 R_s 获得 10 天平均的土壤呼吸速率输入到 TRIFFID，由 TRIFFID 计算每个植被类型的生长及植被类型间的竞争，每 10 天对植被和土壤的碳进行更新。然后将更新的每个类型的植被叶面积指数，植被覆盖率和植被高度等 SSiB4 所需的植被要素传给 SSiB4。对于每个步长，当完成所有类型的计算后，潜热、感热、光合速率、土壤水分和冠层温度等物理量按每个类型的覆盖率（包括裸地）求出这些物理量该时间步长的加权平均值。

在 TRIFFID 中，植被类型共 5 种：阔叶林、针叶林、C3 草、C4 草和灌木。在与 SSiB4 耦合时增加了一种苔原灌木（Tundra）和裸土这一下垫面类型。此外，原先 TRIFFID 中的 C4 草改为 C4 植物。因此，SSiB4/TRIFFID 将全球植被类型分为阔叶林、针叶林、C3 草、C4 植物、灌木和苔原灌木。

6.2.2　TOPMODEL 与 SSiB4-TRIFFID 的耦合

根据三个基本假设，TOPMODEL 建立了流域各处地下水埋深 z_i 的二维分布与流域地形指数分布和平均地下水埋深 $\bar{z}$ 之间及地表以下径流 Q_b 与 $\bar{z}$ 之间的解析解（Sivapalan et al.，1987）：

$$z_i = \bar{z} + \frac{1}{f}(\bar{\lambda} - \ln\frac{a_i}{\tan\beta_i}) \tag{6.11}$$

$$Q_b = \frac{K_{sx}(z=0)}{f}e^{-\bar{\lambda}}e^{-f\bar{z}} \tag{6.12}$$

式中，a_i 为流经坡面任一点 i 处的单位等高线长度的上坡汇流面积，β_i 为该点处地面的坡降梯度，$\lambda = \ln\frac{a_i}{\tan\beta_i}$ 为该点处的地形指数，$\bar{\lambda}$ 为流域平均地形指数。Q_b 为单位面积地表以下径流（subsurface runoff），$K_{sx}(z=0)$ 意义同前。

考虑到土壤垂向饱和导水率与侧向饱和导水率较大的差异，引入饱和导水率非各向同性因子 α，$K_{sx}(z=0) = \alpha K_s(z=0)$，单位面积地表以下径流深 Q_b 为（Chen and Dudhia，2001；Niu and Yang，2005）：

$$Q_b = \frac{\alpha K_s(z=0)}{f}e^{-\bar{\lambda}}e^{-f\bar{z}} \tag{6.13}$$

采用将研究区域分饱和区和非饱和区两块的简便耦合方案（Gedney and Cox，2003；Stieglitz et al.，1996；Niu and Yang，2005；Deng and Sun，2012），将 SSiB4/TRIFFID 与 TOPMODEL 实行耦合。根据式（6.11），在流域平均地下水埋深为 $\bar{z}$ 时，$\ln\frac{a_i}{\tan\beta_i} \geqslant f\bar{z} + \bar{\lambda}$ 的区域都为饱和区，全部饱和区占流域的总分数 F_{sat} 可按地形指数分布函数对 $\ln\frac{a_i}{\tan\beta_i} \geqslant f\bar{z} + \bar{\lambda}$ 的范围积分求得（Niu and Yang，2005），所以，饱和区占流域的分数 F_{sat} 为：

$$F_{sat} = \int_{\lambda \geqslant (\bar{\lambda}+f\bar{z})}\text{pdf}(\lambda)\text{d}\lambda \tag{6.14}$$

式中，$pdf(\lambda)$ 是地形指数的概率密度函数。为了简化 F_{sat} 的求解，Niu 和 Yang（2005）提出的用 e 指数函数拟合地形指数分布函数，则由式（6.14）很容易积分求出 F_{sat}。

$$F_{sat} = F_{max}e^{-C_s(\lambda - \overline{\lambda})} = F_{max}e^{-C_s f\overline{z}} \qquad (6.15)$$

式中，F_{max} 为流域最大饱和区面积分数，C_s 为系数，可以通过地形指数值统计得到的累积分布函数经 e 指数函数拟合求得。

式（6.13）被用来计算地表以下径流 Q_b，去掉 SSiB4/TRIFFID 中的深层渗漏项，最后将 Q_b 从包含地下水位的土壤层及其以下的土壤层的土壤水中按一定的比例系数扣除（Niu and Yang，2005；Deng and Sun，2012），当流域平均地下水埋深 $\overline{z}$ 位于第三层土壤之下时，按 Stieglitz 等（1996）的建议 Q_b 取值零。对于饱和区，没有入渗；对于非饱和区入渗速率取有效降水速率和表层土壤饱和导水率中的较小值。当区分了饱和区/非饱和区后，区域总的地表径流则为非饱和区的超渗产流加上饱和区产流，总径流来源为地表径流及基流 Q_b。每一个时间步长，对每个 TRIFFID 中的植被类型包括裸土运行耦合 TOPMODEL 的 SSiB4/TRIFFID（每个植被类型覆盖率取值 1），然后将各下垫面类型下计算的各物理量根据各植被类型的覆盖率（包括裸土）按面积加权平均求出流域的平均值。

6.3 研究区域与驱动资料

6.3.1 研究区域

选择长江上游的梭磨河流域和长江下游的青弋江流域作为研究流域（图 6.1）。梭磨河系长江上游的支流，流域位于 31°N～33°N，102°E～103°E，流域面积 3015.6 km²，流域海拔在 2180～5301 m，海拔高低悬殊，形成明显的垂直气候带。森林多分布在海拔 4000m 以下的山坡中下部，3000～4100m 为高山疏林灌丛带，3000～3800m 为亚高山针叶林带，海拔 2500～3000m 为中山针阔混交林带（马雪华，1987）。梭磨河流域包括马尔康市和红原县，2/3 的面积在马尔康市境内，1/3 在红原县境内。马尔康气象站位于流域内，红源气象站位于流域外。流域属高原寒温带季风气候，1961～1987 年两个站的面积加权平均降水量 777.6mm，年径流深为 596.6mm。青弋江流域位于 29°57′N～31°16′N，117°37′E～118°44′E 范围内。总流域面积 7195km²，其中山区 6327km²，河道全长 309km，其中河源至泾县河道 197km，比降 1/1000，泾县以下至西河镇水文站 47km，至河口 112km，当前流域森林覆盖率约 20%。流域属亚热带季风湿润气候，1999～2010 年平均年降水量 1566mm，年径流深 914 mm，年蒸发量 652.6mm，径流系数 0.57。

6.3.2 驱动因子与模型参数

1. 驱动因子

青弋江流域模型需要输入的驱动因子中净辐射和短波辐射采用合肥站 2007～2009 年每天逐时的实测值，气温、降水、水汽压、风速和大气压采用流域内南陵、旌德、泾县

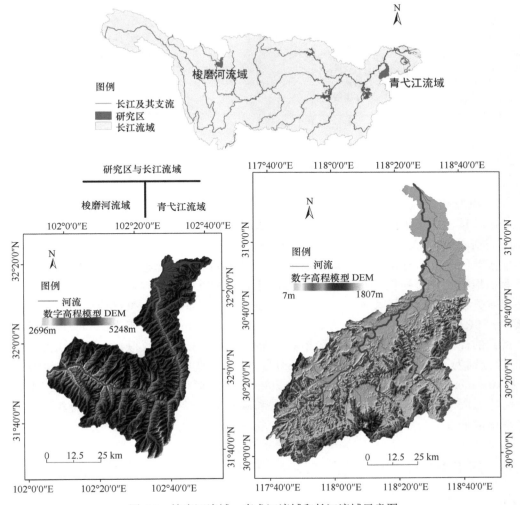

图 6.1　梭磨河流域、青弋江流域和长江流域示意图

和宣城 4 站同时期每天逐时实测的近地面气象观测资料的平均值，模拟时间步长 1h。西
南亚高山区的梭磨河流域模式驱动因子采用美国国家大气研究中心空间分辨率　1°×1°、
时间步长为 3h 的 1983～1987 年再分析资料（Sheffield et al.，2006）。驱动因子包括：向
下的短波辐射、向下的长波辐射、气温、降水、水汽压、风速和大气压，用流域内 2 个
网格点（36.5°N，102.5°E 和 32.5°N，102.5°E）上的近地面各驱动因子分别进行平均作
为流域的平均值。流域内马尔康气象站海拔 2600m，1983～1987 年平均气温 8.6℃，流
域外红原县气象站海拔 3500m，1983～1987 年平均气温 6.2℃，马尔康站和红原站两个
台站 1983～1987 年平均气温平均为 4.6℃，再分析资料近地面气温 5 年平均为 5.0℃，
图 6.2（a）。再分析降水 1983～1987 年平均降水量 686.3 mm/a，马尔康站 749.3mm/a，7
月和 9 月小于马尔康站降水，其他月份差异很小，图 6.2（b）。再分析资料虽与实际情况
存在差异，但还是能够反映梭磨河流域高原寒温带季风气候特征，降水和气温与实测降
水和气温季节变化也是一致的。

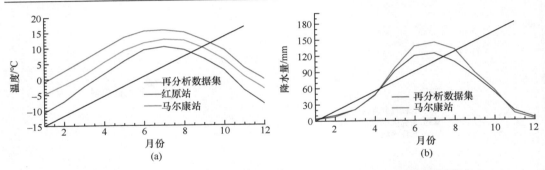

图 6.2　（a）各月再分析气温与实测气温；（b）各月再分析降水与实测降水

2. 模型参数

所有试验环境 CO_2 含量均采用非均匀数据平均的结果，设为 $380×10^{-6}$，3 层土壤厚度分别取值 0.02m（表层）、6.00m（根系层）和 2.00m（深层）。所有试验所有植被类型落叶的临界水分影响因子均取值 0.2，植被落叶的临界温度阔叶林取值 2℃以增加叶面积指数的季节变化，其他植被类型采用 TRIFFID 中原值。对于 SSiB4T/TRIFFID，采用航天雷达地形测量数据（shuttle radar topography mission，SRTM）中采样间隔为 3 弧秒的 SRTM-3 地形高程模型（空间分辨率约 90m×90m）进行青弋江和梭磨河流域地形指数的计算。根据流域累积地形指数分布函数经 e 指数函数拟合，青弋江流域 F_{max} 和 C_s 分别为 0.40 和 0.35，梭磨河流域分别为 0.40 和 0.35。两个流域 $K_{sz}(z=0)$ 均取值 $2.2×10^{-3}$ m/s。f 取值 2（Niu and Yang，2005），α 经模型调试青弋江流域取值 125，梭磨河流域取值 75。对于所有长期植被演替和碳水循环模拟，模型中的六种植被初始覆盖率均取值 0.01。

6.4 SSiB4/TRIFFID 耦合 TOPMODEL 对流域水文模拟的影响检验

6.4.1 试验设计

为了分析 SSiB4/TRIFFID 耦合 TOPMODEL 对流域水文模拟结果的影响，在地表垂向饱和导水率 $K_{sz}(z=0)$ 分别取值 $K_1=2×10^{-5}$ m/s（原 SSiB 设定的参数值）、$K_2=6.0×10^{-4}$ m/s、$K_3=2.2×10^{-3}$ m/s 条件下，进行 SSiB4/TRIFFID、SSiB4EXP/TRIFFID 和 SSiB4T/TRIFFID 流域水文模拟，共进行 9 组数值试验，试验设计见表 6.1。对于所有试验，模型中的六种植被初始覆盖率阔叶林取值 0.20，针叶林、C3 草、C4 植被、灌木和苔原灌木取值 0.01。每个数值试验将 3 年的驱动资料重复运行 2 次共模拟 6 年，取后 3 年模拟结果进行分析。

6.4.2 年平均植被覆盖率和叶面积指数

表 6.2 是模拟的 3 年平均各种植被类型覆盖率、总覆盖率和流域平均总叶面积指数 TLAI 与绿色叶面积指数 GLAI，SSiB4/TRIFFID、SSiB4EXP/TRIFFID 与 SSiB4T/TRIFFID 模拟结果之间差异很小。

表 6.1　试验设计

试验名称	陆面模式	$K_{sz}(z=0)$	植被覆盖的初始值
T1	SSiB4/TRIFFID	$K_1= 2\times10^{-5}$ m/s	阔叶林 0.20 其他型 0.01
T2	SSiB4/TRIFFID	$K_2= 6.0\times10^{-4}$ m/s	阔叶林 0.20 其他型 0.01
T3	SSiB4/TRIFFID	$K_3=2.2\times10^{-3}$ m/s	阔叶林 0.20 其他型 0.01
T4	SSiB4E/TRIFFID	$K_1= 2\times10^{-5}$ m/s	阔叶林 0.20 其他型 0.01
T5	SSiB4E/TRIFFID	$K_2= 6.0\times10^{-4}$ m/s	阔叶林 0.20 其他型 0.01
T6	SSiB4E/TRIFFID	$K_3= 2.2\times10^{-3}$ m/s	阔叶林 0.20 其他型 0.01
T7	SSiB4T/TRIFFID	$K_1= 2\times10^{-5}$ m/s	阔叶林 0.20 其他型 0.01
T8	SSiB4T/TRIFFID	$K_2= 6.0\times10^{-4}$ m/s	阔叶林 0.20 其他型 0.01
T9	SSiB4T/TRIFFID	$K_3=2.2\times10^{-3}$ m/s	阔叶林 0.20 其他型 0.01

表 6.2　模拟的 3 年平均各种植被类型覆盖率、总覆盖率和叶面积指数

试验	各植被类型覆盖率						总覆盖率	TLAI	GLAI
T1	0.210	0.010	0.585	0.059	0.043	0.009	0.916	4.75	3.75
T2	0.210	0.010	0.581	0.064	0.044	0.009	0.918	4.79	3.79
T3	0.210	0.010	0.580	0.064	0.044	0.009	0.917	4.79	3.80
T4	0.210	0.010	0.580	0.060	0.044	0.009	0.913	4.80	3.80
T5	0.210	0.010	0.580	0.063	0.044	0.009	0.916	4.80	3.80
T6	0.210	0.010	0.582	0.063	0.044	0.009	0.918	4.80	3.80
T7	0.210	0.010	0.581	0.062	0.044	0.009	0.916	4.80	3.80
T8	0.210	0.010	0.582	0.063	0.044	0.009	0.918	4.80	3.80
T9	0.210	0.010	0.582	0.063	0.044	0.009	0.918	4.80	3.80

6.4.3　土壤湿度的模拟结果

图 6.3（a）～（c）是 SSiB4/TRIFFID、SSiB4EXP/TRIFFID 和 SSiB4T/TRIFFID 模拟的 2007～2009 年逐日第 2 层土壤湿度，图 6.3（d）～（f）是 3 类模型模拟的逐日第 3 层土壤湿度。3 类模型模拟的土壤湿度及各层土壤湿度的差异均随土壤表层饱和导水率的增加而减小。在 $K_{sz}(z=0)$ 取值 K_1 和 K_2 时，SSiB4EXP/TRIFFID 和 SSiB4T/TRIFFID 模拟的第 2 层土壤湿度差异很小，只是在 $K_{sz}(z=0)$ 取值 K_3 时这两类模型模拟的第 2 层土壤

湿度表现出一定程度的差异，这两类模型模拟的第 3 层土壤湿度差异随表层土壤饱和导水率的增加而增加。SSiB4EXP/TRIFFID 和 SSiB4T/TRIFFID 模拟的土壤湿度很接近，这两类模型模拟的第 2 层和第 3 层土壤湿度均明显大于 SSiB4/TRIFFID 模拟的第 2 层和第 3 层土壤湿度。表 6.3 是三年平均各层土壤湿度。3 类模型中，SSiB4/TRIFFID 模拟的土壤湿度明显偏小，即使在雨季也明显小于饱和土壤湿度，SSiB4T/TRIFFID 模拟的土壤湿度最高，尤其第 3 层土壤湿度能达到或接近饱和，SSiB4T/TRIFFID 模拟的土壤湿度较 SSiB4/TRIFFID 的模拟结果更为合理。

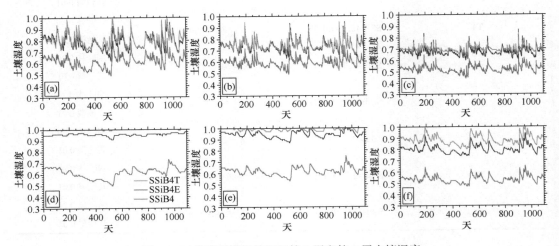

图 6.3　3 类模型模拟的逐日第 2 层和第 3 层土壤湿度

表 6.3　三年平均各层土壤湿度

试验	表层土壤湿度 w_1	次表层土壤湿度 w_2	深层土壤湿度 w_3
T1	0.59	0.62	0.62
T2	0.58	0.59	0.62
T3	0.52	0.52	0.53
T4	0.67	0.79	0.96
T5	0.65	0.74	0.96
T6	0.63	0.68	0.80
T7	0.68	0.81	6.00
T8	0.65	0.75	0.99
T9	0.63	0.70	0.88

3 类模型中，SSiB4/TRIFFID 与 SSiB4EXP/TRIFFID 唯一的差异是前者土壤饱和导水率参数不随土壤深度变化而后者土壤饱和导水率参数随深度按 e 指数衰减。SSiB4EXP/TRIFFID 模拟的土壤湿度及各层土壤湿度的差异均大于 SSiB4/TRIFFID 的模拟结果。因此，土壤饱和导水率参数随深度按 e 指数衰减增加了土壤湿度的模拟结果和各土层土壤湿度的差异。SSiB4EXP/TRIFFID 和 SSiB4T/TRIFFID 土壤饱和导水率参数随深度按 e

指数衰减,这两类模型模拟的土壤湿度较为一致。SSiB4T/TRIFFID 与 SSiB4EXP/TRIFFID 模型结构的差异一是前者考虑了土壤湿度水平方向的非均匀性,SSiB4T/TRIFFID 有饱和区产流;二是由 TOPMODEL 的基流式(6.2)计算的基流取代 SSiB4EXP/TRIFFID 中的深层渗漏项, 且基流从包含地下水位的土层及以下的土层土壤水中扣除, 而 SSiB4EXP/TRIFFID 中的深层渗漏项从第 3 土层土壤水中扣除。因此, 这两类模型模拟的土壤湿度也有差异,SSiB4T/TRIFFID 模拟的第 3 层土壤湿度高于 SSiB4EXP/TRIFFID, 第 2 层略高于 SSiB4EXP/TRIFFID 的模拟结果。

6.4.4　逐日流量模拟结果分析

图 6.4 所示是输入的 3 年逐日降水量, 图 6.5(a)～(c)、图 6.5(d)～(f)和图 6.5(g)～(i)分别是 3 类模型在 K_{sz} ($z=0$)取值 K_1、K_2 和 K_3 时模拟的 2007～2009 年逐日流量与西河镇水文站实测流量的比较。由图 6.5(a)～(c)可知, K_s($z=0$)取值 2×10^{-5} m/s 时, SSiB4/TRIFFID 产生过多的地表径流和过大的洪峰流量, 明显与逐日实测流量不符;SSiB4EXP/TRIFFID 模拟的逐日流量与 SSiB4/TRIFFID 模拟的结果很相似, 也是产生过多的地表径流和过大的洪峰流量, 也明显与逐日实测流量不符, 虽然模拟的洪峰流量值低于 SSiB4/TRIFFID 的模拟结果;3 类模型中 SSiB4T/TRIFFID 模拟的逐日流量与实测流量最相似。由图 6.5(d)～(f)可知, K_s($z=0$)取值 1×10^{-4} m/s 时, 由于 K_s($z=0$)的增加, 3 类模型模拟的洪峰流量明显减小, 但 SSiB4/TRIFFID 和 SSiB4EXP/TRIFFID 依然产生过多的地表径流, 模拟的逐日流量仍与实测流量不符, 3 类模型中 SSiB4T/TRIFFID 模拟的逐日流量与实测流量最相似。K_s($z=0$)取值 2.2×10^{-3} m/s 时, SSiB4/TRIFFID 和 SSiB4EXP/TRIFFID 又产生过少的地表径流和过小的洪峰流量, 也明显与逐日实测流量不符, 而 SSiB4T/TRIFFID 仍能产生足够大的洪峰流量, 3 类模型中依然是 SSiB4T/TRIFFID 模拟的逐日流量与实测流量最相似。对于较小的 K_s($z=0$), SSiB4/TRIFFID 和 SSiB4EXP/TRIFFID 模拟产生过多的地表径流, 形成过大的洪峰流量;对于较大的 K_s($z=0$), 又产生过少的地表径流, 使洪水时期模拟的洪峰流量显著小于实测流量, 这 2 类模型与 SSiB4T/TRIFFID 模拟的逐日地表径流、基流和总径流是明显不同的。

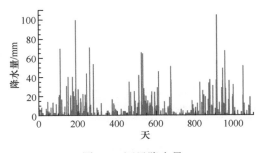

图 6.4　逐日降水量

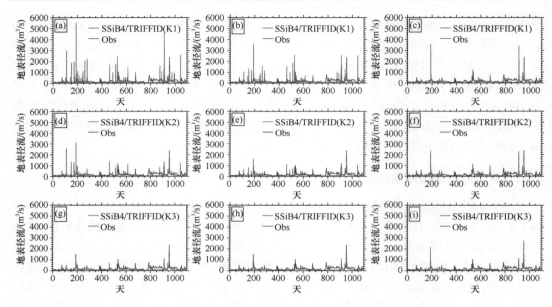

图 6.5　模拟的逐日平均流量与实测流量的比较

6.4.5　年地表水量平衡

表 6.4 是各个数值试验模拟的 3 年平均流域蒸散发 E（mm/a）、径流深 R（mm/a）、地表径流深 R_s（mm/a）和基流深 R_b（mm/a）。输入模型的降水为 4 个站点的平均值，2007～2009 年平均日降水量为 3.596mm/d，年降水量 1313.8mm/a。青弋江流域 2007～2009 年 21 个站点平均年降水量 1597.1mm/a，年径流深 940.1mm/a，年蒸发 656.1mm/a。

表 6.4　模拟的 3 年平均流域水量平衡

试验	P	E	R	R_s	R_b
T1	1313.8	733.0	574.9	284.5	290.3
T2	1313.8	738.6	570.6	137.8	432.8
T3	1313.8	727.0	583.9	19.3	564.5
T4	1313.8	768.7	536.9	399.1	132.8
T5	1313.8	763.5	547.7	164.2	383.5
T6	1313.8	758.7	552.5	16.8	540.7
T7	1313.8	770.0	546.9	505.1	36.8
T8	1313.8	762.3	549.8	447.3	102.5
T9	1313.8	760.5	550.6	50.6	499.8

与同期多站点平均的流域降水量和实测的径流深相比较，输入的降水量偏小 284.6 mm/a，模拟的年蒸发偏大 71～114 mm/a，造成模拟的径流深偏小 356～398 mm/a。试验 T1～T9 地表植被覆盖几乎没有差异，对于同一个模型模拟结果的差异是不同的 K_{sz} $(z=0)$ 造成的；对于相同的 K_{sz} $(z=0)$，不同模型模拟结果的差异是模型结构差异造

成的。随着 $K_{sz}(z=0)$ 的增加，3 类模型模拟的地表径流明显减小而基流明显增加，3层土壤湿度均有所减小，第 2 层和第 3 层土壤湿度减小较为明显，流域蒸发和总径流随 $K_{sz}(z=0)$ 的增加总的说来蒸发略有减小，总径流略有增加。因此，$K_{sz}(z=0)$ 的变化主要影响土壤湿度及径流在地表径流与基流之间的分配。作为 SSiB4/TRIFFID 与 SSiB4T/TRIFFID 之间的过渡模型，SSiB4EXP/TRIFFID 与 SSiB4/TRIFFID 模型结构唯一不同的是前者土壤饱和导水率随土壤深度按 e 指数衰减，在相同的土壤表层饱和导水率条件下，SSiB4EXP/TRIFFID 模拟的土壤湿度明显增加，流域蒸发增加而总径流减小。当 $K_s(z=0)$ 取值 2×10^{-5}m/s 时，SSiB4EXP/TRIFFID 模拟的地表径流明显大于而基流明显小于 SSiB4/TRIFFID 的模拟结果，但这种差异随土壤表层饱和导水率的增加而迅速减小。SSiB4T/TRIFFID 与 SSiB4EXP/TRIFFID 模型结构的差异一是前者考虑了土壤湿度水平方向的非均匀性，SSiB4T/TRIFFID 有饱和区产流；二是由 TOPMODEL 的基流式 6.2 计算的基流取代 SSiB4EXP/TRIFFID 中的深层渗漏项，且基流从包含地下水位的土层及以下的土层土壤水中扣除，而 SSiB4EXP/TRIFFID 中的深层渗漏项从第 3 土层土壤水中扣除。对于相同的土壤表层饱和导水率，SSiB4T/TRIFFID 模拟的地表径流大于而基流小于 SSiB4EXP/TRIFFID 的模拟结果，第 3 层土壤湿度也高于 SSiB4EXP/TRIFFID 的模拟结果，第 1 和第 2 土层土壤湿度差异不大。SSiB4T/TRIFFID 与 SSiB4/TRIFFID 模型结构的差异不仅前者有饱和区产流和由 TOPMODEL 的基流式（6.2）计算的基流取代 SSiB4/TRIFFID 中的深层渗漏项，而且 SSiB4T/TRIFFID 的土壤饱和导水率随土壤深度按 e 指数衰减，模拟的 3 层土壤湿度明显高于 SSiB4/TRIFFID 的模拟结果，流域蒸发大于而总径流小于 SSiB4/TRIFFID 的模拟结果，地表径流大于而基流小于 SSiB4/TRIFFID 的模拟结果。

SSiB4/TRIFFID 是一维垂向模型，径流在地表径流和基流之间分配只能由土壤垂向饱和导水率控制。南方湿润地区，由于土壤较大的入渗能力，一般强度的降水难以形成超渗产流，产流主要以蓄满产流为主。当 $K_s(z=0)$ 取值较大时，虽然下渗进入土壤的水分增加甚至到达地表的降水全部下渗补充土壤水分而形成不了地表径流，但由于重力排水项 Q_3 与 $K_sw^{(1+b)}$ 成正比，而土壤饱和导水率随深度又保持不变，因此较大的 $K_s(z=0)$ 同时也增加了 Q_3，造成土壤湿度难以达到饱和及总径流中基流成分过大甚至基本是基流，而洪峰流量明显偏小。对于 SSiB4T/TRIFFID，当 $K_s(z=0)$ 取值较大时，由于土壤饱和导水率随深度衰减且基流由 Q_b 控制，因此既能使降水较多地入渗进入土壤又能保持一定的土壤水分以形成一定的饱和区，使到达饱和区的降水直接形成地表径流。因此，当 $K_s(z=0)$ 取值 2.2×10^{-3}m/s 时，即使降水全部入渗而不形成超渗产流，在洪水时期 SSiB4T/TRIFFID 依然能产生较大的地表径流和洪峰流量。

6.5　流域长期植被演替和碳水通量模拟

利用碳水耦合模式对青弋江和梭磨河两个流域进行了模拟研究，其中以梭磨河流域为例进行详细介绍。将青弋江流域 3 年强迫资料重复运行 200 次连续模拟 600 年。在模拟的早期阶段，植被覆盖率经历了明显的变化。对于地处亚热带湿润气候区的青弋江流域，在 600 个模拟年中主要植被类型是 C3 草、C4 植被、灌木和阔叶林。图 6.6 所示是流域植被覆盖率的变化。最初 C3 草覆盖率迅速增加，在第 10 到第 12 个模拟年，C3 草覆盖率达到峰值 0.75，C4 植被在第 4 到第 6 个模拟年覆盖率达到峰值 0.25。C3 草和 C4 植被覆盖率达到峰值后随灌木的增加而迅速减小，在第 58～60 个模拟年灌木达到峰值 0.71 后随树的增加而减小，最后流域植被以常绿阔叶林为主，最后三个模拟年平均常绿阔叶林覆盖率 0.75，C3 草覆盖率 0.10，C4 植被覆盖率 0.05，灌木覆盖率 0.04，平均叶面积指数 6.8。

图 6.7 所示是流域水量平衡与蒸发的三个分量蒸腾随植被演替的变化。随着植被从 C3 草和 C4 植被向灌木最后到阔叶林的演替，流域蒸发明显增加而径流深明显减

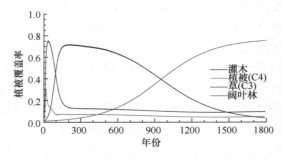

图 6.6　青弋江流域植被覆盖率随时间的演变

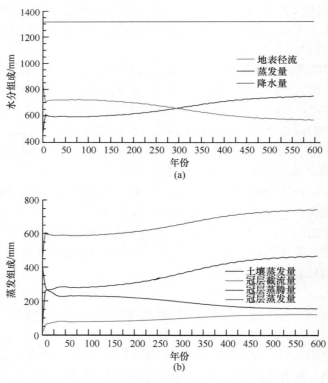

图 6.7　青弋江流域年蒸发及其分量随时间的演变

小[图 6.7（a）]。流域主要为 C3 草覆盖时，蒸发为 546.2 mm/a，流域主要为灌木覆盖时，蒸发为 588.6 mm/a，流域主要为阔叶林覆盖时，蒸发为 742.2 mm/a。随着植被的演替，在蒸发的三个分量中，植被蒸腾明显增加，当流域主要为森林覆盖时，流域蒸发以蒸腾为主，土壤蒸发次之，冠层截留蒸发最小[图 6.7（b）]。

图 6.8 所示是第 598～600 个模拟年三年平均 CO_2 净通量的日变化。三年平均净光合速率 2.61μmol/(m^2·s)、土壤呼吸速率 6.01μmol/(m^2·s)、生态系统净固碳速率 6.60μmol/(m^2·s)。青弋江流域森林生态系统三年平均净初级生产力为 987.6 gC/(m^2·a)，生态系统净固定的碳（NEP）为 605.4 gC/(m^2·a)。

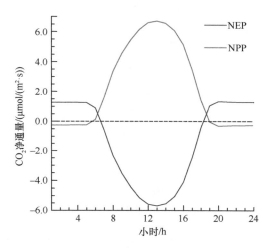

图 6.8　青弋江流域最后 3 个模拟年 CO_2 净通量的日变化

6.5.1　数值试验说明

对于梭磨河流域，用耦合模型 SSiB4T/TRIFFID 进行一系列变化的气候条件下植被演替和碳水循环的数值试验（表 6.5）。第 1 组试验是将梭磨河流域 5 年驱动资料重复运行 120 次连续模拟 600 年，作为控制试验，记为 T。为了进行植被与碳水平衡对气候变化的敏感性模拟，在 1983～1987 年驱动资料（气候背景条件）基础上对每个计算步长的气温和降水资料进行外延（Arnell，2003；Diaz-Nieto and Wilby，2005；Minville，2008；Dan et al.，2012）。第 2 组试验是将每个计算步长输入的气温均增加 2℃连续模拟 600 年，作为气温上升 2℃的敏感性试验，记为 $T+2$。第 3 组试验是将每个计算步长输入的气温和降水均分别增加 2℃和 20%，连续模拟 600 年，作为气温上升 2℃同时降水增加 20%的敏感性试验，记为 $T+2$，$(1+20\%)P$。第 4 组试验是将每个计算步长输入的气温和降水均分别增加 5℃ 和 40%，连续模拟 600 年，作为气温上升 5℃同时降水增加 40%的敏感性试验，记为 $T+5$，$(1+40\%)P$。为了便于模拟的径流量与实测径流量的比较，考虑到中国南方地区主要以蓄满产流为主，将日降水量平均分配到每个计算步长对总径流的模拟影响不大，除用再分析降水资料进行模拟外，还将马尔康站实测降水取代再分析资料的降水进行模拟。第 5 组试验是将 1983～1987 年马尔康站逐日实测降水除以 8 取代 1983～1987 年再分析资料每个步长的降水，5 年驱动资料重复运行 120 次连续模拟 600 年，作为控制试验，记为 PT。同样，在此基础上对每个计算步长的气温和降水进行外延，又进行了 6 组试验，所有模拟均将 5 年的驱动资料重复运行 120 次连续模拟 600 年，分别记为 PT–1、PT+2、[PT+2，（1+33%）P]、[PT+4，（1+33%）P]、PT+6 和 [PT+6，（1+33%）P]，表 6.5 所示为 12 组试验说明。虽然将日降水量平均分配到每个计算步长有利于冠层截留，影响冠层蒸发中蒸腾与冠层截留蒸发的比例，但对冠层蒸发和流域蒸发模拟结果影响很小。

表 6.5　试验说明

试验名称	试验说明	降水资料来源
T	控制试验	再分析资料
T+2	温度升高 2℃	再分析资料
[T+2，（1+20%）P]	温度升高 2℃ 且降水增加 20%	再分析资料
[T+5，（1+40%）P]	温度升高 5℃ 且降水增加 40%	再分析资料
PT	控制试验	站点观测
PT–1	温度升高 1℃	站点观测
[PT，（1+20%）P]	降水增加 20%	站点观测
PT+2	温度升高 2℃	站点观测
[PT+2，（1+33%）P]	温度升高 2℃ 且降水增加 33%	站点观测
[PT+4，（1+33%）P]	温度升高 4℃ 且降水增加 33%	站点观测
PT+6	温度升高 6℃	站点观测
[PT+6，（1+33%）P]	温度升高 6℃ 且降水增加 33%	站点观测

6.5.2　流域植被覆盖率随时间的演变

对于地处高原寒温带季风气候区的梭磨河流域，600 个模拟年中主要植被类型是 C3 草、灌木、苔原灌木、针叶林和阔叶林。图 6.9（a）～（b）所示为梭磨河流域控制试验 T 和[T+5，（1+40%）P]试验模拟的 600 年流域植被覆盖率随时间的演变。对于控制试验 T，最初 C3 草覆盖率迅速增加，在第 6 个模拟年达到峰值 0.743 后随苔原灌木的增加而迅速减小，苔原灌木覆盖率在第 25 个模拟年达到峰值 0.822 后随森林覆盖率的增加而减小，灌木覆盖率在第 50 个模拟年达到峰值 0.166 后随森林的增加而减小，第 400 个模拟年后基本达到平衡状态，针叶林取得绝对支配地位，控制试验针叶林覆盖率达到 0.81，而阔叶林覆盖率仅 0.07[图 6.9（a）]。随着温度增加，C3 草覆盖率峰值增加而苔原灌木覆盖率峰值减小，针叶林覆盖率下降而阔叶林覆盖率增加。气温增加 5℃，针叶林覆盖率从控制试验的 0.81 下降到 0.70，而阔叶林覆盖率从 0.07 上升到 0.30，森林类型由基本为纯针叶林转变为针阔混交林[图 6.9（b）]。

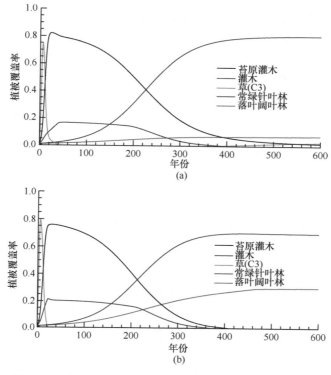

图 6.9　T 和[T+5，（1+40%）P]试验模拟的植被覆盖率变化

6.5.3　流域年蒸发和径流深随植被演替的变化

　　将 600 个模拟年的模拟结果按 5 个模拟年进行平均，图 6.10（a）是 T 试验、T+2 试验和[T+5，（1+40%）P]试验模拟的流域年蒸发的变化。流域年蒸发起先上升，在苔原灌木覆盖率达到峰值时年蒸发达到最高点，然后随森林覆盖率的增加而减少。对于 T+2 试验，由于温度增加 2℃而降水保持不变，流域年蒸发较控制试验减明显增加，流域年蒸发在苔原灌木覆盖率达到峰值时达到最高点，然后随森林覆盖率的增加而减少，但减小幅度小于控制试验。对于[T+5，（1+40%）P]试验，温度增加 5℃的同时降水增加 40%，流域蒸发不再随着森林覆盖率的增加而减小，而是随森林覆盖率增加而增加。图 6.10（b）是 T 试验、T+2 试验和[T+5，（1+40%）P]试验模拟的流域年径流深的变化，图 6.10（c）是 PT 试验和 PT–1 试验模拟的流域年径流深的变化。流域年径流随植被的演替变化与流域年蒸发变化相反。对于控制试验 T，流域年径流深从起始时刻随苔原灌木覆盖率增加迅速减小，在第 25 个模拟年前后苔原灌木覆盖率达到峰值时年径流深达到最低点，然后略有上升并保持稳定，直到第 90 个模拟年后随苔原灌木覆盖率的减小和森林覆盖率的增加持续稳定上升，到 350 个模拟年以后基本稳定略有增加。对于 T+2 试验，由于温度增加 2℃而降水保持不变，流域年径流深较控制试验减小，流域年径流深在苔原灌木覆盖率达到峰值时达到最低点，然后随森林覆盖率的增加上升，但上升幅度小于控制试验。对于[T+5，（1+40%）P]试验，温度增加 5℃的同时降水增加 40%，随着植被覆盖的变化，流域年径流深从起始时刻到苔原灌木覆盖率达到峰值期间迅速减小，然后随森林覆盖率

的增加持续减小而不再增加，森林覆盖流域年径流深小于苔原灌木覆盖。PT 随着植被演替年径流深的变化与 T 试验一致，流域年径流深起先下降，在苔原灌木覆盖率达到峰值时年径流深达到最低点，然后随森林覆盖率的增加上升。PT-1 试验年径流深的变化与 PT 试验基本一致，但因 PT-1 试验温度减小 1℃，模拟的年径流深较 PT 试验明显增加（图 6.11）。

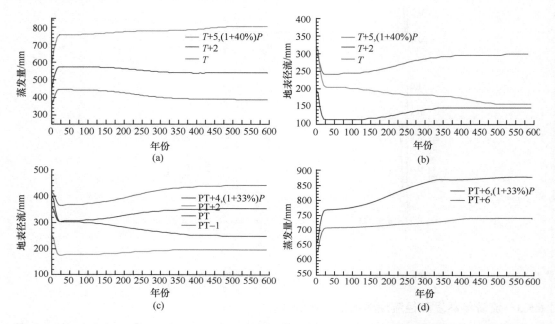

图 6.10　T、（T+2）、[T+5，（1+40%）P]、（PT+6）和[PT+6，（1+33%）P]试验模拟的年蒸发随时间的演变

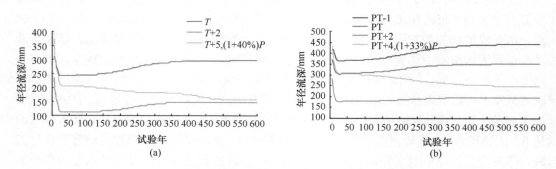

图 6.11　流域年径流深度随植被演替的变化

6.5.4　流域蒸发三个分量的变化

图 6.12（a）～（c）是 PT-1，PT，T，T+2 和[T+5，（1+40%）P]5 个试验流域蒸发的 3 个主要分量蒸腾、冠层截留蒸发和土壤蒸发对流域植被演替的响应。对于 PT 试验和 T 试验，年平均气温 5℃，PT-1 试验年平均气温 4℃，这 3 组试验蒸腾都是苔原

灌木覆盖最大，后随森林覆盖率增加而减小，PT–1 试验温度最低因此蒸腾最小，T 试验与 PT 试验虽温度相同，但 PT 试验是马尔康站降水，大于 T 试验输入的再分析资料的降水，且日降水量平均分配到每个步长有利于冠层截留，使叶片湿润部分增加，造成来自叶片干部的蒸腾小于相同温度的 T 试验，而冠层截留蒸发大于 T 试验。$T+2$ 试验由于温度增加 2℃，相当于年平均气温 7℃，苔原灌木覆盖达到最大值后蒸腾不再随森林覆盖率增加而减小，而是略有增加，从苔原灌木覆盖达到最大时的 197mm/a 增加到第 200 个模拟年前后的 208mm/a，第 250 个模拟年后又略有减小，最低 203mm/a，第 400 个模拟年后又开始略有增加，达到 207mm/a，温度增加 2℃，森林覆盖蒸腾已略大于苔原灌木覆盖。$T+5$ 试验温度增加 5℃，相当于年平均气温 10℃，蒸腾随森林覆盖率增加明显增加，森林覆盖蒸腾已明显大于苔原灌木覆盖。在相同的气候条件下，森林叶面积指数最大，冠层截留降水最大，灌木次之，草最小，5 个试验冠层截留蒸发随植被从草到苔原灌木再到森林的演替而增加。5 个试验中 PT–1 试验温度最低，森林冠层截留蒸发与苔原灌木冠层截留蒸发差异最小，仅略大于苔原灌木冠层截留蒸发，但随温度的增加，森林冠层截留蒸发明显大于苔原灌木冠层截留蒸发。冠层截留蒸发还与降水量和降水类型有关，如 PT 试验，植被冠层截留蒸发大于同温度的 T 试验。在相同的气候条件下，土壤蒸发 5 个试验均随植被从草到苔原灌木再到森林的演替而明显减小。土壤蒸发随温度的增加而增加，森林覆盖土壤蒸发增加幅度最小，明显低于草和苔原灌木。

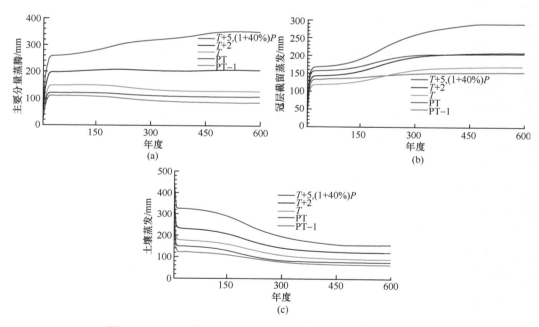

图 6.12　各试验模拟的蒸腾、冠层截留蒸发和土壤蒸发的变化

6.5.5　气候与植被对流域水量平衡的影响

第 6～10 模拟年流域的植被主要为 C3 草，第 21～25 模拟年流域的植被主要为苔原

灌木，最后 5 个模拟年流域的植被主要为森林。以下取这三个时段的模拟结果分析气候与植被变化对流域水量平衡的影响。表 6.6 是 12 组试验模拟的以上三个时段 5 年平均年蒸发与径流深。

表 6.6　12 组试验模拟的以上三个时段 5 年平均年蒸发与径流深

试验	变量	分析时段		
		第 6~10 年	第 21~25 年	第 596~600 年
PT–1	蒸发量（ET）	332.1	382.7	308.4
	径流量（R）	417.5	366.8	446.2
PT	蒸发量（ET）	393.6	444.6	397.0
	径流量（R）	355.7	304.8	352.6
PT，（1+20%）P	蒸发量（ET）	406.7	452.8	405.3
	径流量（R）	500.3	445.5	493.0
PT+2	蒸发量（ET）	512.7	573.1	552.8
	径流量（R）	236.9	176.3	196.7
[PT+2，（1+33%）P]	蒸发量（ET）	520.2	596.2	582.7
	径流量（R）	478.8	408.2	417.0
[PT+4，（1+33%）P]	蒸发量（ET）	613.3	696.7	756.8
	径流量（R）	385.5	302.3	247.5
PT+6	蒸发量（ET）	650.1	712.1	745.0
	径流量（R）	98.6	36.5	3.7
[PT+6，（1+33%）P]	蒸发量（ET）	677.6	767.4	876.9
	径流量（R）	316.8	226.6	116.2
T	蒸发量（ET）	388.5	445.3	388.1
	径流量（R）	297.8	246.0	298.0
（T+2）	蒸发量（ET）	507.2	574.1	539.6
	径流量（R）	179.0	112.1	146.6
[T+2，（1+20%）P]	蒸发量（ET）	516.0	587.0	548.6
	径流量（R）	307.1	236.5	274.9
[T+5，（1+40%）P]	蒸发量（ET）	665.9	753.2	802.9
	径流量（R）	294.5	207.7	157.9

对于 PT–1，PT，[PT，（1+20%）P]，PT+2，[PT+2，（1+20%）P]，T，T+2 和[T+2，（1+20%）P]试验，流域植被主要为苔原灌木时蒸发最大，径流深最小。[T+5，（1+40%）P]，[PT+4，（1+33%）P]，PT+6 和[PT+6，（1+33%）P]试验，流域植被主要为森林时蒸发最大而径流深最小。从控制试验 T 到 T+2 试验，或从 PT 试验到 PT+2 试验，三种植被类型蒸发分别增加了大约 30%（C3 草），28.9%（苔原灌木）和 39.0%（森林）。从控制试验 T 到[T+5，（1+40%）

P]试验,C3 草、苔原灌木和森林蒸发分别增加了 69.1%,76.4%和106.9%。从 PT 试验到[PT+4,（1+33%）P],三种植被类型蒸发分别增加了大约 55.8%（C3 草）,56.7%（苔原灌木）和 89.4%（森林）。从 PT 试验到 PT+6 试验,三种植被类型蒸发分别增加了 65.2%（C3 草）60.2%（苔原灌木）和 87.7%（森林）。从[PT+2,（1+33%）P]到[PT+6,（1+33%）P]试验,三种植被类型蒸发分别增加了 30.3%,29.8%和50.5%。从 PT 试验到[PT+6,（1+33%）P]试验,三种植被类型蒸发分别增加了 72.2%,72.6%和121.0%。[PT+6,（1+33%）P]试验降水较（PT+6）增加 33%,森林蒸发较 PT+6 试验明显增加。三种植被类型中,森林蒸发对温度变化最敏感,随着温度增加,森林蒸发增加幅度最大。从 PT 试验到[PT,（1+20%）P]试验,三种植被类型蒸发分别增加了 2.1%,6.8%和2.1%。从 T+2 到[T+2,（1+20%）P]试验,三种植被类型蒸发分别增加了 6.7%,2.2%和6.7%。从 PT+2 试验到[PT+2,（1+33%）P]试验,三种植被类型蒸发分别增加了 6.5%,3.2%和5.4%。从 PT+6 试验到[PT+6,（1+33%）P]试验,三种植被类型蒸发分别增加了 4.2%,7.8%和17.7%。T、PT、T+2 和 PT+2 试验不存在水分胁迫,蒸发不受水分限制,温度不变增加降水对蒸发影响很小。但 T+6 试验水分限制了蒸发,蒸发对降水变化变得敏感,三种植被类型中森林蒸发对降水变化最敏感,随降水增加森林蒸发增加最大。

6.5.6　气候和植被变化对流域月蒸发与径流的影响

1. 流域月蒸发对气候变化的响应

图 6.13（a）～（d）是 T、T+2、[T+2,（1+20%）P]和[T+5,（1+40%）P] 4 组试验第 6～10 模拟年、第 21～25 模拟年和第 596～600 模拟年 5 年平均各月蒸发。对于控制试验 T,除 9 月苔原灌木蒸发小于森林蒸发外,苔原灌木月蒸发高于 C3 草和森林,森林冬季 12～2 月蒸发略高于 C3 草,春季 3～5 月蒸发低于 C3 草,夏季差异不大,8 月森林蒸发稍低于 C3 草,秋季的 9 月和 10 月森林蒸发高于 C3 草。温度增加 2.0℃,森林蒸发大于 C3 草,雨季与苔原灌木蒸发差异很小,旱季略低于苔原灌木蒸发。T、[T+2,（1+20%）P]试验各月蒸发与 T+2 试验差异很小,温度不变仅降水增加对蒸发影响很小。温度增加 5.0℃并伴随降水 40%的增加,各类型植被蒸发均明显增加,森林蒸发雨季 5～10 月已明显大于苔原灌木,旱季略低于苔原灌木。对于控制试验,全年蒸发 C3 草 388.5mm,苔原灌木 445.3mm,森林 388.1mm。T+2 试验,全年蒸发 C3 草 507.2mm,苔原灌木 574.1mm,森林 539.6mm,分别较控制试验增加 30.6%,28.9%和 39.0%。[T+2,（1+20%）P]试验全年蒸发 C3 草 516.0mm,苔原灌木 587.0mm,森林 548.6mm,比 T+2 试验全年蒸发略有增加。[T+5,（1+40%）P]试验全年蒸发森林最大 802.9mm,苔原灌木次之 753.2mm,C3 草最小 665.9mm,分别较控制试验增加 106.9%,76.4%和69.1%。从控制试验到[T+5,（1+40%）P],对于 C3 草和苔原灌木,土壤蒸发在蒸发中所占比例最大,蒸腾次之,冠层截留蒸发所占比例最小;对于森林,从冠层截留蒸发在蒸发中所占比例最大变为蒸腾在蒸发中所占比例最大。随着温度增加,森林蒸发增加幅度最大,苔原灌木次之,C3 草最小,森林蒸发对温度变化最敏感。

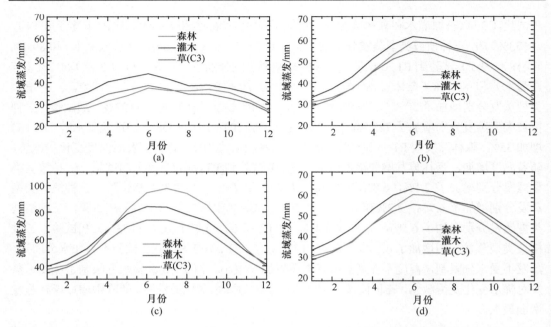

图 6.13　T、T+2、[T+2，（1+20%）P]和[T+5，（1+40%）P]4 组试验模拟的各植被类型 5 年平均各月流域蒸发

图 6.14（a）～（b）所示是 T、T+2 和[T+5，（1+40%）P]3 组试验模拟的最后 5 个模拟年冠层蒸腾和冠层截留蒸发的月变化。森林蒸腾和冠层截留蒸发随温度增加而增加，降水在 7 月和 9 月有两个峰值，7 月和 9 月蒸腾随冠层湿润分数增加而减小，冠层截留蒸发随冠层湿润分数增加而增加，旱季森林蒸腾大于冠层截留蒸发。

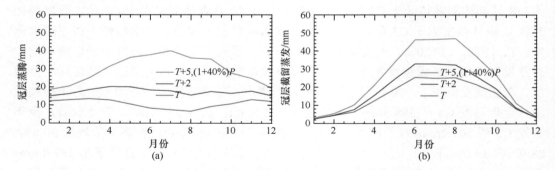

图 6.14　（a）最后 5 个模拟年平均各月蒸腾；（b）最后 5 个模拟年平均各月冠层截留蒸发

2. 月径流对气候与植被变化的响应

图 6.15（a）～（e）分别是 PT–1、PT、T、[PT，（1+20%）P]、PT+2、[PT+2，（1+33%）P]和[PT+4，（1+33%）P]试验第 6～10 模拟年，第 21～25 模拟年以及第 596～600 模拟年 5 年平均各月径流深与实测值的比较。与实测值比较，模拟的月径流偏低，尤其是雨季之前。造成偏小的原因一方面是输入的降水偏小，另一方面是模拟的蒸发偏大。输入的温度降低 1°，PT–1 试验模拟的月蒸发减小而月径流深明显增加。因此，输入的再分

析驱动资料应是造成模拟的蒸发偏大的原因之一。图 6.15（a）所示是 PT–1，PT 和 T 试验模拟的流域植被主要为森林时的月径流深。由于马尔康降水大于再分析降水，PT 试验模拟的月径流高于 T 试验，而且月径流 7 月和 9 月出现了两个峰值，但 T 试验未能模拟出月径流 7 月和 9 月的两个峰值。此外，驱动资料中的辐射、水汽压和风速等也会影响蒸发的模拟。因此，模拟的月径流深与实测值的偏差可归因为输入的气候资料和模拟的蒸发过高。图 6.15（b）所示是[PT，（1+20%）P]试验模拟的月径流深。由于降水较 PT 试验增加了 20%，[PT，（1+20%）P]试验模拟的月径流深增加。流域主要为苔原灌木覆盖，月径流深最低。流域主要为 C3 草覆盖，月径流深与流域主要为森林覆盖的月径流深很接近。图 6.15（c）所示是（PT+2）试验模拟的月径流深。月径流深依然是流域主要为苔原灌木覆盖时最低，但流域主要为森林覆盖时的月径流深已低于流域主要为 C3 草覆盖时的月径流深。图 6.15（d）所示是[PT+2，（1+33%）P]试验。由于降水较 PT+2 试验增加了 33%，[PT，（1+20%）P]试验模拟的月径流深增加。T 月径流深依然是流域主要为苔原灌木覆盖时最低，流域主要为森林覆盖时月径流深次低。图 6.15（e）所示是[PT+4，（1+33%）P]试验的模拟结果。与[PT+2，（1+33%）P]试验的模拟结果比较，由于温度 2℃的增加，月径流深减小，而且月径流深在流域主要为森林覆盖时最低，月径流深在流域主要为 C3 草覆盖时依然最大，而流域主要为苔原灌木覆盖时月径流深度已高于森林覆盖。

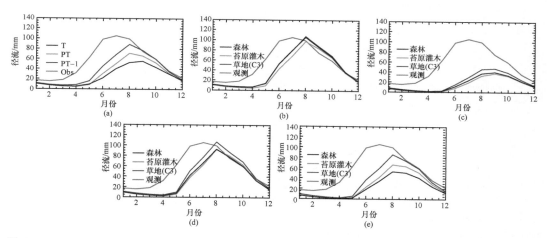

图 6.15　PT、PT–1、T、[PT，（1+20%）P]，PT+2，[PT+2，（1+33%）P]和[PT+4，（1+33%）P]试验模拟的月径流深度

6.5.7　流域净初级生产力和水分利用效率随植被演替的演变

图 6.16（a）所示是 T 试验、T+2 试验和 T+5 试验模拟的按 5 个模拟年平均后的流域净初级生产力 NPP。NPP 是植被与大气之间交换的碳通量扣除掉呼吸消耗后的光合产物，反映了植被固定大气 CO_2 的能力，是陆地生态系统碳循环中与气候变化直接联系的变量（Dan and Ji，2007）。因此，本小节用 NPP 与蒸发的比值计算表征碳水耦合关系的水分利用效率 WUE，图 6.16（b）所示是 T 试验、T+2 试验和[T+5，（1+40%）P]试验模拟的

流域水分利用效率 WUE。NPP 从模拟起始时刻到苔原灌木覆盖率达到峰值期间迅速上升并达到最高值，然后基本保持稳定到第 200 个模拟年，T 试验和 $T+2$ 试验第 200 个模拟年以后 NPP 随森林覆盖率的增加有所减小，$[T+5，（1+40\%）P]$试验第 200 个模拟年以后 NPP 略有减小，但在第 350 个模拟年以后 NPP 随森林覆盖率的增加有所增加。流域由草和苔原灌木覆盖温度变化对 NPP 影响很小，森林覆盖 NPP 随温度增加而增加。水分利用效率 WUE 随温度增加明显减小，从模拟起始时刻到苔原灌木覆盖率达到峰值期间 WUE 迅速增加，随后基本保持稳定或稍有减小。T 试验第 21～25 模拟年平均 WUE2.70 gC/（kgH₂O），第 596～600 模拟年平均 WUE 2.72 gC/（kgH₂O）；$T+2$ 试验第 21～25 模拟年平均 WUE2.09 gC/（kgH₂O），第 596～600 模拟年平均 WUE 2.02 gC/（kgH₂O），略有减小；$[T+5，（1+40\%）P]$试验第 21～25 模拟年平均 WUE6.56 gC/（kgH₂O），第 596～600 模拟年平均 WUE 6.49 gC/（kgH₂O），森林覆盖比苔原灌木覆盖 WUE 稍有减小。

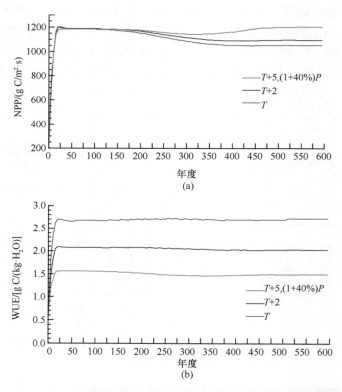

图 6.16　T，$T+2$ 和$[T+5，（1+40\%）P]$试验模拟的流域 NPP 与 WUE 随时间的变化

6.5.8　气候变化对月植被叶面积指数和净初级生产力的影响

1. 月叶面积指数对气候变化的响应

图 6.17（a）～（f）是 T，$T+2$，$[T+2，（1+20\%）P]$、$[T+5，（1+40\%）P]$、PT+6 和[PT+6，（1+33\%）P]共 6 组试验第 6～10 模拟年、第 21～25 模拟年和第 596～600 模拟年模拟的 5 年平均各月植被叶面积指数。森林叶面积指数对气候变化最敏感，C3 草次

之，苔原灌木叶面积指数对气候变化最不敏感。除森林冬季 $T+2$、[$T+2$，（1+20%）P]和
[$T+5$，（1+40%）P]3 组试验叶面积指数低于控制试验外，叶面积指数均高于控制试验。
由于随着温度增加落叶阔叶林覆盖率增加，当冠层温度低于控制落叶阔叶林落叶的临
界温度 275K 时，落叶阔叶林落叶迅速增加，使叶面积指数低于控制试验。比较 $T+2$
和[$T+2$，（1+20%）P]两组试验，后者降水增加 20%，除 6 月份模拟的 C3 草叶面积指
数略有差异外，两组试验模拟的叶面积指数基本没有差异，温度增加 2.0℃，土壤水分
条件基本上对植被生长没有产生限制作用，增加降水对叶面积指数模拟结果影响很小。
PT+6 试验土壤水分条件对植被生长产生了限制作用，比较 PT+6 和[PT+6，（1+33%）
P]试验模拟结果，当存在水分胁迫时，降水变化对森林叶面积指数影响最大，对苔原
灌木和 C3 草地叶面积指数影响较小，三种植被类型中森林叶面积指数对降水变化最
敏感。

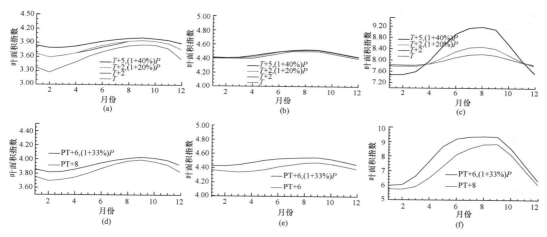

图 6.17　T，$T+2$，[$T+2$，（1+20%）P]、[$T+5$，（1+40%）P]、PT+6 和[PT+6，（1+33%）P]试验模拟的
月叶面积指数

（a）～（c）：T，$T+2$，[$T+2$，（1+20%）P]，[$T+5$，（1+40%）P]模拟的 C3 草（a）、苔原灌木（b）和森林叶面积指数（c）；
（d）～（f）：（PT+6）和[PT+6，（1+33%）P]试验模拟的 C3 草（d）、苔原灌木（e）和森林叶面积指数（f）月叶面积指数

2. 森林生态系统各月净初级生产力与水分利用效率

梭磨河最后 5 个模拟年平均净光合速率从试验 T 到试验[$T+5$，（1+40%）P]依次为
2.78μmol/（m²·s），2.89μmol/（m²·s）和 3.17μmol/（m²·s），随温度增加而增加；5 年平
均土壤呼吸速率分别为 6.47μmol/（m²·s），6.47μmol/（m²·s），6.45μmol/（m²·s），3 组试
验差异不大；5 年平均森林生态系统净固碳速率分别为 6.31μmol/(m²·s)，6.42μmol/(m²·s)
和 6.72μmol/（m²·s），随温度增加而增加。表 6.7 是最后 5 个模拟年 5 年平均森林 NPP
和 NEP，对于衡量碳水耦合关系的水分利用效率（WUE）有多种计算方式，目前多采
用 NPP 和 NEP 与蒸发或蒸腾的比值，我们同时计算了 NPP 和 NEP 与蒸发的比值，以
及 NPP 与蒸腾的比值这三种水分利用效率，分别记为 WUE1、WUE2 和 WUE3，列于
表 6.7。

表 6.7　梭磨河流域第 596～600 模拟年 5 年平均 NPP、NEP 和 WUE

	NPP/[gC/(m²·a)]	NEP/[gC/(m²·a)]	WUE1/[gC/(kgH₂O)]	WUE2/[gC/(kgH₂O)]	WUE3/[gC/(kgH₂O)]
T	1052.0	495.7	2.70	6.27	8.14
$T+2$	1093.6	537.3	2.02	0.99	5.26
$T+5$	1199.5	650.8	6.49	0.81	3.39

从试验 T 到 $T+5$，$(1+40\%)P$，NPP 从 1052.0 gC/（m²·a）增加到 1199.5 gC/（m²·a）；NEP 从 495.7 gC/（m²·a）增加到 650.8 gC/（m²·a）。由于 NPP 和 NEP 随温度增加幅度小于蒸发和蒸腾随温度增加的幅度，水分利用效率 WUE1、WUE2 和 WUE3 均随温度增加而减小。青弋江流域最后 3 个模拟年三年平均 NPP 为 987.6 gC/（m²·a），NEP 为 605.4 gC/（m²·a），最后 3 个模拟年流域年蒸发 742.2 mm，年蒸腾 466.5 mm，森林生态系统水分利用效率 WUE1、WUE2 和 WUE3 分别为 6.33 gC/（kgH₂O）、0.61 gC/（kgH₂O）和 2.12 gC/（kgH₂O）。长江下游亚热带气候区的青弋江流域森林生态系统水分利用效率低于上游亚高山区的梭磨河流域。

图 6.18（a）（b）所示分别是最后 5 个模拟年流域植被主要为森林时平均各月 NPP 和各月 WUE。夏半年森林 NPP 随温度增加而增加，但水分利用效率全年各月均随温度增加而减小。

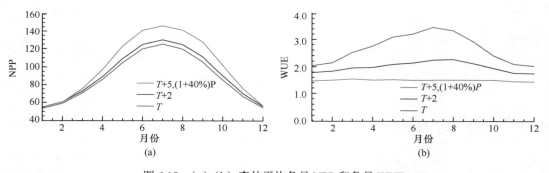

图 6.18　（a）（b）森林平均各月 NPP 和各月 WUE

6.6　气候对森林植被–径流关系和水分利用效率空间变化的作用

6.6.1　森林植被–径流关系

作为陆地植被的主体，森林生态系统水文功能的研究具有重要的意义，不仅有助于了解森林生态系统中水分的运转过程与机制，而且能正确评价和认识森林的作用，为森林合理经营利用、保护自然和水资源，以及维持人类生存环境的稳定提供持续发展的科学理论（李文华等，2001）。森林和森林砍伐对径流的影响作为森林水文学研究的一项重要内容，很久以来就受到了人们的关注，在全球范围内已开展了大量的森林集水区研究，以流域为单元研究森林对河川径流的影响（Bosch and Hewlett，1982；李文华等，2001；Zhang et al.，2017）。由于森林冠层较大的截留和蒸发，对于湿润地区由于林冠层较小的空气动力学阻力其蒸发大于矮小植被，而对于干旱地区由于森林根系能吸收较深的土壤水分其蒸发大于矮小植被与裸地，一般而言森林增加了蒸发而使径流减少。国外不同地理区域的大多数研究结果表明：森林覆被的减少可以增加水的产量而在原无植被覆盖的地区种植森林将会减少产水量（Bosch and Hewlett，1982）。苏联西北部和上伏尔加河流域等集水区的观测，提出森林对小流域年径流量无明显影响，也有许多研究结果认为，森林覆盖率增加能提高河川流量（李文华等，2001）。根据苏联的资料径流系数随流域森林增多的多在高纬湿润地区，往南则无变化和减少（黄秉维，1982）。我国的森林集水区研究开始于 20 世纪 60 年代，研究的内容主要集中在探讨森林植被覆盖率变化与流域径流量变化的关系，根据地跨我国寒温带、温带、亚热带、热带，以及黄河流域、长江流域等大小集水区的研究结果，多数结论认为森林覆盖率的增加会不同程度地减少河川年径流量（刘昌明和钟骏襄，1978；黄秉维，1982；高海风，1986；杨海军等，1994；李玉山，2001；刘世荣等，2003；张晓明等，2006；张发会等，2007；朱丽等，2010）。但同时也存在相反的结论，森林存在会增加河川径流量并且对径流量没有明显影响（马雪华，1980；李昌哲和郭卫东，1986；马雪华，1987；王金叶和车克钧，1998；周晓峰等，2001；金栋梁和刘予伟，2007）。关于森林与径流量的关系有森林的存在会使径流量增加、森林的存在与径流量之间没有明显的关系和森林的存在会减少径流量三种不同的观点（李文华等，2001）。

　　森林集水区比较研究采用的是"黑箱"研究方法，主要分析流域森林植被变化与流域出水口径流的关系，缺乏对流域碳水循环过程的研究，因此在揭示森林对径流的作用机理方面具有局限性。配对集水区研究选择两个除植被不同外其他方面都尽可能相似的流域，对径流观测结果进行比较；单一集水区研究选择同一集水区进行长期观察研究，分析植被变化对径流的影响。对于配对集水区研究，事实上没有两个集水区是完全相同的，比较时虽然都会强调除植被外其他条件相似或基本相似，但实际上并没有给出相似性证明，配对集水区径流量的差异可能是由于植被以外的其他因素所造成的，而单一集水区研究并不能排除气候变化对径流量的影响（李文华等，2001；Zhang et al.，2017）。森林植被对陆地水平衡的时空变化的影响需要联系植被动态变化与水文过程的机理模型。以下将根据 SSiB4T/TRIFFID 对长江下游的青弋江流域和长江上游的梭磨河流域在变化的气候条件下流域植被演替和碳水循环过程模拟结果分析揭示森林与径流量关系的空间分异规律。

6.6.2　森林植被对径流量影响的讨论

1. 湿润地区

西南亚高山区的梭磨河流域模拟结果表明：本底气候条件下针叶林在植被演替过程中取得绝对支配地位，流域年径流深随森林覆盖率增加而增加。梭磨河流域寒温带针叶林已是森林分布的上限，温度最接近森林生长的最低温度，抑制了森林蒸腾，森林蒸腾甚至低于苔原灌木。由于辐射能量主要被森林冠层接收，抑制了森林土壤蒸发，森林土壤蒸发的减小大于森林冠层截留蒸发的增加，导致森林蒸发低于苔原灌木。温度减小 1℃，森林蒸发甚至低于 C3 草地，森林的存在增加了径流量。同理，森林分布的北界边缘地带，森林的存在能够增加径流量。随着温度增加，从控制试验到 $T+5$，P（1+40%）试验，针叶林覆盖率减小而阔叶林覆盖率增加，森林蒸发已大于苔原灌木，森林从增加径流量转变为减小径流量。长江上游的杂古脑河高度在 1800～5800 m，年平均温度16.2℃，年降水中值 1072 mm（Zhang et al.，2012）。流域 15.5%面积的森林采伐后年径流深平均增加了 38 mm（Zhang et al.，2017）。[$T+5$，（1+40%）P]试验年平均温度 10℃，年降水 960 mm，森林年蒸发比 C3 和苔原灌木分别高 137.0 mm 和 49.7 mm。如果 15.5%流域面积的森林被 C3 草或苔原灌木取代，年径流深将增加 26.2 mm 或 7.7 mm。[PT+6，（1+33%）P]试验年平均温度 11℃，年降水约 1000 mm，森林年蒸发比 C3 和苔原灌木分别高 199.3 mm 和 109.5 mm。如果 15.5%流域面积的森林被 C3 草或苔原灌木取代，年径流深将增加 31 mm 或 17 mm。亚热带湿润气候区的青弋江流域模拟结果表明：在植被演替过程中，阔叶林最终取得绝对支配地位，随着森林覆盖率的增加，流域蒸发明显增加而径流明显减小。因此，在森林分布受低温控制的海拔上限和森林分布的北界地带，森林的存在增加了径流量。随着温度增加，森林增加径流量的作用减小，当森林蒸发与灌木蒸发相等时，森林的存在对径流量没有明显影响。当温度进一步增加，且森林蒸发大于灌木后，森林的存在减小了径流量。

国内森林增加径流量结论主要来源于西南山区岷江上游米亚罗林区（马雪华，1987），黑龙江和松花江水系 20 个流域（周晓峰，2001），西北地区祁连山北坡后山地带天涝池河–寺大隆河（王金叶和车克钧，1998），华北地区永定河四级支流—崇礼的东、西沟（李昌哲和郭卫东，1986），以及长江中游多林和少林流域的对比分析（金栋梁和刘予伟，2007）。岷江上游米亚罗高山森林位于森林分布的海拔上限，而黑龙江和松花江水系 20 个流域森林接近森林分布的北界，森林集水区比较研究所得森林增加径流量结论与苏联高纬湿润地区的结果相一致。但连山天涝池河–寺大隆河以及华北地区崇礼的东、西沟对比，结论并非森林增加了流域年径流量。根据山天涝池河–寺大隆河对比资料（王金叶和车克钧，1998），森林覆盖率 65.0%天涝池河年降水量 559.8 mm，比森林覆盖率 32.0%的寺大隆河少 39 mm，年径流深 355.6 mm，比寺大隆河少 86.2 mm，而年蒸发却比寺大隆河高 47 mm，应该是森林覆盖率的增加增加了流域蒸发和减小了年径流量。根据华北地区崇礼的东、西沟对比资料（李昌哲和郭卫东，1986），森林覆盖率 46.8%的东沟年降水量 484.3 mm，比森林覆盖率 24.5%的西沟多 66.7mm，但年径流深仅比西沟多 8.5 mm，而流域年蒸发则比西沟高 58.1 mm，森林覆盖率的增加应该是增加了流域蒸发，其作用应是减小了年径流量。长江中游多林和少林流域的对比所得森林增加径流量的结论既与蒸发理论不符，也与相同气候条件下的其他森林集水区试验结果明显不一致，而且如此反常的结果却又没有给出任何合理的解释。这种不合理的对比结果应该是对比流域除植被不同外，还有其他对径流量有重要影响的因素差异造成的。米亚罗森林与采伐迹地两个小集水区平均海拔高度应高于整个岷江上游流域（紫坪埔站以上），整个岷江上游流域平均气温应高于两个小集水区的平均温度。米亚罗森林与采伐迹地两个小集水区径流的对比观测所得结论是高山森林增加了年径流量，而整个岷江上游流域森林覆盖率变化对径流量影响已不明显（马雪华，1980，1987）。海拔 515～835 m 的嘉陵江上游广元碗厂沟 5 个小流域森林与径流量关系是森林植被的恢复减小了径流量（张发会等，2007）。黑龙江和松花江水系森林使径流量增加或影响不明显，北京市密云县东南部的红门川流域研究表明森林植被减小了径流量（朱丽等，2010），江西九连山林区年降水量大致相同的三个小流域，阔叶林小流域较荒山和择伐小流域年出境径流量减少 5.1%～13.7%（李玉山，2001）。海南岛南渡江、万泉河和昌化江三大河流与 60 年代相比，70 年代森林砍伐使平均年径流量普遍变大（高海风，1986）。以上森林集水区试验结果体现了随着海拔高度下降和从高纬到低纬随着温度的增加，森林与径流量的关系存在从增加径流量到减小径流量的变化。

2. 非湿润地区

当存在水分胁迫时，3 种植被类型中森林叶面积指数和蒸发及其 3 个分量对降水变化最为敏感。在相同温度下，随着降水的减少，森林蒸发减小幅度最大，导致森林与灌木和草的蒸发差异减小，森林对径流量的影响减小。在年降水量 400 mm 左右的森林分布的边缘地带，森林逐渐过渡到草原或灌木，森林增加蒸发和减小径流量的作用应达到最小，形成一个由水分控制的森林对径流量没有明显影响的地带。随着降水的增加，森林叶面积指数和蒸发增加幅度最大，导致森林与灌木和草的蒸发差异增大。因此，森林减小径流的作用随降水的增加而增加。根据黄河中游 5 组对比流域的资料（刘昌明和钟骏襄，1978），对年降水量差异不大的 3 组对比流域进行水量平衡分析。林率 90.0%的石沙庄年降水量 586.0 mm，比无林的盘陀高 26.5 mm，年径流深高 17.4 mm，石沙庄年蒸发 455.9 mm，比无林的盘陀年蒸发仅高 9.1 mm；林率 98.5%的洪庙沟年降水量 636.2 mm，比无林的安民沟高 12.6 mm，年径流深洪庙沟比安民沟少 7.9 mm，洪庙沟年蒸发发量 607.0 mm，比安民沟仅高 20.5 mm；林率 27.8%的黄土高原杨家沟年降水量 526.0 mm，比林率 0.0%董庄沟仅高 0.3 mm，年径流深比董庄沟低 4.6 mm，杨家沟蒸发发量 520.6 mm，比无林的董庄沟仅高 4.8 mm。3 组对比流域有林流域蒸发虽比无林流域有所增加，但相差很小。由于研究区域属半干旱或半湿润地区，水分条件抑制了森林的蒸发，森林对流域蒸发和径流量的影响已不明显。黄土高原南部半湿润地区的典型林区子午岭林区年降水量 600 mm 以上，森林仍能保持正常生长，具有显著地减少径流量的作用（李玉山，2001）。山西省吉县境内的红旗林场的少林和多林流域的对比研究也表明，少林流域的径流量明显多于有林流域（杨海军等，1994）。

6.7　结　　论

本章利用位于亚热带湿润季风区青弋江流域实测驱动资料对耦合模型 SSiB4T/TRIFFID 进行流域模拟，用流域实测逐日径流量检验模型流域水文模拟能力。用耦合模式 SSiB4T/TRIFFID 模拟了位于西南亚高山寒温带湿润季风气候区的梭磨河流域不同气候情景的植被演替和碳水循环过程，根据模拟结果分析了气候和植被变化对流域水量平衡、净初级生产力、水分利用效率和森林–径流关系的影响。主要结论有：

（1）SSiB4/TRIFFID 耦合 TOPMODEL 后，明显提高了第 2 层和第 3 层土壤水分的模拟结果，使第 3 层土壤水分雨季能达到饱和或接近饱和，使土壤水分模拟结果更加合理；SSiB4/TRIFFID 耦合 TOPMODEL 增加了地表径流在总径流中所占的比例，改善了径流在地表径流和基流之间的分配，使模拟的基流和洪峰流量更为合理。

（2）随着温度的增加，西南亚高山区流域森林类型由控制试验基本为常绿针叶林类型向针阔混交林转变，生长季森林叶面积指数明显增加。在不存在水分胁迫时，C3 草地、苔原灌木和森林三种植被类型中，森林叶面积指数对温度变化最敏感；在存在水分胁迫时，森林叶面积指数对降水变化最敏感。

（3）西南亚高山区流域蒸发和径流对温度变化敏感，温度变化通过影响流域蒸发而影响径流，温度不变蒸发对降水变化不敏感，但径流对降水变化敏感。三种植被类型中，森林蒸腾、冠层截留蒸发和蒸发随温度增加的增幅明显大于苔原灌木和 C3 草地，森林覆盖的流域蒸发和径流对温度变化最敏感。存在水分胁迫时，三种植被类型中森林蒸发对降水变化最敏感。

（4）西南亚高山区流域净初级生产力和净生态系统生产力随着温度的增加而增加，但水分利用效率随温度的增加而减小。

（5）在地处高山林线地带和森林分布的北界边缘地带，森林的存在能够增加径流量。随着温度增加，森林蒸发增加幅度最大，森林蒸发与灌木蒸发差异减小，森林增加径流量的作用减小，并形成一个由温度控制的森林对径流量没有明显影响的过渡地带。温度进一步增加，森林蒸发大于灌木蒸发，森林的存在将减小径流量。对于湿润地区，温度的地带性分布造成森林与径流量的关系从增加径流量到对径流量影响不大和减小径流量的变化，相应地水分利用效率减小。

（6）存在水分胁迫的情况下，降水的减小使森林叶面积指数和蒸发减小幅度最大，森林蒸发与灌木和草地差异减小，森林对径流量的影响随降水的减少而减小。在森林分布受水分限制的边缘地带，森林增加蒸发和减小径流量的作用达到最小，形成一个由水分控制的森林对径流量没有明显影响的地带。

（7）中国境内，在水分控制的森林对径流量没有明显影响的地带以东和温度控制的森林对径流量没有明显影响的地带以南地区，由于降水和温度的增加，在森林向当地气候条件下的平衡态演替过程中，当蒸发大于灌木蒸发以后，随着林龄和森林覆盖率及叶面积指数的增加，森林的存在将减小径流量。随着降水和温度从西北向东南增加，森林增加蒸发和减小径流量的作用增加。气候的垂直地带性和水平地带性分布对森林与径流量关系和水分利用效率的空间变化起着重要的控制作用。

以上的结论主要来源于两个流域森林植被与流域地表碳水平衡对气候变化的敏感性试验，因此有待今后更多研究的验证和更多的流域实际资料的检验。今后将在获得各气候区不同林龄叶面积指数、各植被类型覆盖率和物候资料基础上对模拟的不同演替阶段的植被叶面积指数和植被覆盖率进行检验，分析影响植被模拟结果的敏感因子并改进模型。此外，将应用更长时间尺度的气候驱动资料模拟分析不同气候区植被动态与地表碳水通量对年际和年代际气候变化的响应。

参 考 文 献

白文广, 张兴赢, 张鹏. 2010. 卫星遥感监测中国地区对流层二氧化碳时空变化特征分析. 科学通报, 55: 2953-2960.

蔡博峰. 2012. 中国城市二氧化碳排放空间特征及与二氧化硫协同治理分析. 中国能源, 34(7): 33-37.

蔡兆男, 成里京, 李婷婷, 等. 2021. 碳中和目标下的若干地球系统科学和技术问题分析. 中国科学院院刊, 36(5): 602-613.

陈卓奇, 陈镜明, 郑小谷, 等. 2015. 基于大气反演陆地碳通量季节变化信息的模型参数优化研究. 科学通报, 60(34): 3397.

邓安健, 郭海波, 胡洁, 等. 2020. GOSAT 卫星数据监测中国大陆上空 CO_2 浓度时空变化特征. 遥感学报, 24(3): 319-325.

邓吉祥. 2014. 中国碳排放的区域差异及演变特征分析与因素分解. 自然资源学报, 29(2): 189-200.

邓祥征, 丹利, 叶谦, 等. 2018. 碳排放和减碳的社会经济代价研究进展与方法探究. 地球信息科学学报, 20(4): 405-413.

丁一汇, 任国玉, 石广玉, 等. 2006. 气候变化国家评估报告(I): 中国气候变化的历史和未来趋势. 气候变化研究进展, 2(1): 3-8.

方精云, 朱江玲, 王少鹏, 等. 2011. 全球变暖、碳排放及不确定性. 中国科学: 地球科学, 41(10): 1385-1395.

符传博, 丹利, 陈红, 等. 2014. 重污染下华南地区小雨和低云量的时空变化趋势特征. 热带气象学报, 30(6): 1106-1114.

符传博, 丹利, 冯锦明, 等. 2018. 我国对流层二氧化碳非均匀动态分布特征及其成因. 地球物理学报, 61(11): 4373-4382.

高海风. 1986. 海南岛三大河流对森林砍伐的水文效应分析. 热带地理, 6(3): 264-276.

何茜, 余涛, 程天海, 等. 2012. 大气二氧化碳遥感反演精度检验及时空特征分析. 地球信息科学, 14(2): 250-257.

黄秉维. 1982. 森林对环境作用的几个问题. 中国水利, 1: 30-32.

金栋梁, 刘予伟. 2007. 森林的水文效应实验分析. 水资源研究, 28(3): 12-17.

雷莉萍, 钟惠, 贺忠华, 等. 2017. 人为排放所引起大气 CO_2 浓度变化的卫星遥感观测评估. 科学通报, 62(25): 2941-2950.

李昌哲, 郭卫东. 1986. 森林植被的水文效应. 生态学杂志, 5(5): 17-26.

李婧, 刘树华, 茅宇豪, 等. 2006. 不同生态系统 CO_2 通量和浓度特征分析研究. 地球物理学报, 49(5): 1298-1307.

李文华, 何永涛, 杨丽韫. 2001. 森林对径流影响研究的回顾与展望. 自然资源学报, 16(5): 398-406.

李玉山. 2001. 黄土高原森林植被对陆地水循环影响的研究. 自然资源学报, 16(5): 427-432.

刘昌明, 钟骏襄. 1978. 黄土高原森林对年径流影响的初步分析. 地理学报, 33(2): 112-127.

刘诚, 白文广, 张兴赢, 等. 2013. 针对 SCIAMACHY 探测器问题的 CO 柱浓度反演算法改进与地基验证. 地球物理学报, 56(3): 758-769.

刘立新, 周凌晞, 张晓春, 等. 2009. 我国 4 个国家级本底站大气 CO_2 浓度变化特征. 中国科学 D 辑: 地球科学, 39(2): 222-228.

刘世荣, 孙鹏森, 温远光. 2003. 中国主要森林生态系统水文功能的比较研究. 植物生态学报, 27(1): 16-22.

刘毅, 吕达仁, 陈洪滨, 等. 2011. 卫星遥感大气 CO_2 的技术与方法进展综述. 遥感技术与应用, 26: 247-254.

马鹏飞, 陈良富, 厉青, 等. 2015. 红外高光谱资料 AIRS 反演晴空条件下大气氧化亚氮廓线. 光谱学与光谱分析, 35(6): 1690-1694.

马雪华. 1980. 岷山上游森林的采伐对河流流量和泥沙悬移质的影响. 资源科学, 2(3): 78-87.

马雪华. 1987. 四川米亚罗地区高山冷杉林水文作用的研究. 林业科学, 23(3): 253-264.

茹菲, 雷莉萍, 侯姗姗, 等. 2013. GOSAT 卫星温室气体浓度反演误差的分析与评价. 遥感信息, 28(1): 65-70.

王金叶, 车克钧. 1998. 祁连山森林复合流域径流规律研究. 土壤侵蚀与水土保持学报, 4(1): 22-27.

吴国雄, 林海, 邹晓蕾, 等. 2014. 全球气候变化研究与科学数据. 地球科学进展, 29(1): 15-22.

吴其重, 冯锦明, 董文杰, 等. 2013. BNU-ESM 模式及其开展的 CMIP5 试验介绍. 气候变化研究进展, 9(4): 291-294.

杨海军, 孙立达, 余新晓. 1994. 晋西黄土区森林流域水量平衡研究. 水土保持通报, 14(2): 26-36.

姚志刚, 赵增亮, 韩志刚. 2015. AIRS 观测的东亚夏季平流层重力波特征. 地球物理学报, 58(4): 1121-1134.

岳超, 胡雪洋, 贺灿飞, 等. 2010. 1995~2007 年我国省区碳排放及碳强度的分析——碳排放与社会发展 III. 北京大学学报(自然科学版), 46(4): 510-516.

张发会, 陈林武, 吴雪仙, 等. 2007. 长江上游低山丘陵区小流域森林植被变化对径流影响分析. 四川林业科技, 28(4): 49-53.

张帆, 宣鑫, 邓祥征. 2021. 大气 CO_2 浓度非均匀分布及其对地表升温影响的研究进展与展望. 地球信息科学学报, 210041: 1-10.

张晓明, 余新晓, 武思宏, 等. 2006. 黄土区森林植被对流域径流和输沙的影响. 中国水土保持科学, 4(3): 48-53.

张兴赢, 张鹏, 方宗义, 等. 2007. 应用卫星遥感技术监测大气痕量气体的研究进展. 气象, 33(7): 1-14.

张兴赢, 周敏强, 王维和, 等. 2015. 全球卫星大气成分遥感探测应用进展及其展望. 科技导报, 33(17): 13-22.

张亚杰, 车秀芬, 张京红, 等. 2017. 卫星遥感监测海南地区对流层 CO_2 浓度时空变化特征. 环境科学研究, 30(5): 688-696.

赵玉成, 温玉璞, 德力格尔, 等. 2006. 青海瓦里关大气 CO_2 本地浓度的变化特征. 中国环境科学, 26: 1-5.

周聪, 施润和, 高炜. 2015. 对流层中层与近地面大气二氧化碳浓度的比较研究. 地球信息科学学报, 17(11): 1286-1293.

周凌晞, 刘立新, 张晓春, 等. 2008. 我国温室气体本底浓度网络化观测的初步结果. 应用气象学报, 19(6): 641-645.

周天军, 陈晓龙. 2015. 气候敏感度、气候反馈过程与 2℃升温阈值的不确定性问题. 气象学报, 73(4): 624-634.

周天军, 陈梓明, 邹立维, 等. 2020. 中国地球气候系统模式的发展及其模拟和预估. 气象学报, 78(3): 332-350.

周晓峰, 赵惠勋, 孙慧珍. 2001. 正确评价森林水文效应. 自然资源学报, 16(5): 420-426.

朱丽, 秦富仓, 姚云峰, 等. 2010. 北京市红门川流域森林植被/土地覆被变化的水文响应. 生态学报, 30(16): 4287-4294.

Ahlström A, Raupach Michael R, Schurgers G, et al. 2015. The dominant role of semi-arid ecosystems in the trend and variability of the land CO_2 sink. Science, 348(6237): 895-899.

Allen M R, Frame D J, Huntingford C, et al. 2009. Warming caused by cumulative carbon emissions towards the trillionth tonne. Nature, 458: 1163-1166.

Arnell N W. 2003. Relative effects of multi-decadal climatic variability: Future streamflows in Britain. Journal of Hydrology, 270: 195-213.

Arora V K, Katavouta A, Williams R G, et al. 2020. Carbon-concentration and carbon-climate feedbacks in CMIP6 models and their comparison to CMIP5 models. Biogeosciences, 17(16): 4173-4222.

Arora V K, Scinocca J F. 2016. Constraining the strength of the terrestrial CO_2 fertilization effect in the Canadian Earth system model version 4.2 (CanESM4.2). Geoscientific Model Development, 9(7): 2357-2376.

Aumann H H, Chahine M T, Gautier C, et al. 2003. AIRS/AMSU/HSB on the Aqua mission: design, science objectives, data products, and processing systems. IEEE Transactions on Geoscience and Remote Sensing, 41: 253-264.

Bai W G, Zhang X Y, Zhang P. 2010. Temporal and spatial distribution of tropospheric CO_2 over China based on satellite observations. Chinese Science Bulletin, 55 (31): 3612-3618.

Ballantyne A, Smith W, Anderegg W, et al. 2017. Accelerating net terrestrial carbon uptake during the warming hiatus due to reduced respiration. Nature Climate Change, 7(2): 148-152.

Bao Q, Lin P F, Zhou T J, et al. 2013. The Flexible Global Ocean-Atmosphere-Land system model, Spectral Version 2: FGOALS-s2. Advances in Atmospheric Sciences, 30: 561-576.

Basu S, Krol M, Butz A, et al. 2014. The seasonal variation of the CO_2 flux over Tropical Asia estimated from GOSAT, CONTRAIL, and IASI. Geophysical Research Letters, 41(5): 1809-1815.

Beer C, Reichstein M, Tomelleri E, et al. 2010. Terrestrial gross carbon dioxide uptake: global distribution and covariation with climate. Science, 329(5993): 834-838.

Betts R, Cox P, Collins M, et al. 2004. The role of ecosystem-atmosphere interactions in simulated Amazonian precipitation decrease and forest dieback under global climate warming. Theoretical and Applied Climatology, 78: 157-175 .

Beven K J. 2000. Rainfall-Runoff Modeling. New York: John Wiley & Sons.

Beven K J, Kirkby M J. 1979. A Physical based variable contributing area model of basin hydrology. Hydrological Science Bulletin, 24: 43-69.

Bonan G S, Levis S, Sitch S, et al. 2003. A dynamical global vegetation model for use with climate models:

concepts and description of simulated vegetation dynamics. Global Change Biology, 9: 1543-1566.

Bosch J M, Hewlett J D. 1982. A review of catchment experiments to determine the effect of vegetation changes on water yield and evapotranspiration. Journal of Hydrology, 55: 3-23.

Brienen R J W, Phillips O L, Feldpausch T R, et al. 2015. Long-term decline of the Amazon carbon sink. Nature, 519(7543): 344-348.

Butz A, Guerlet S, Hasekamp O, et al. 2011. Toward accurate CO_2 and CH_4 observations from GOSAT. Geophysical Research Letters, 38 (14)L14812.

Butz A, Hasekamp O P, Frankenberg C, et al. 2009. Retrievals of atmospheric CO_2 from simulated space-borne measurements of backscattered near-infrared sunlight: accounting for aerosol effects. Applied Optics, 48: 3322-3336.

Calvin K V, Edmonds J A, Bond-Lamberty B, et al. 2009. 2. 6: limiting climate change to 450 ppm CO_2 equivalent in the 21st Century. Energy Economics, 31(2): S107-S120.

Canadell J G, Monteiro P M S, Costa M H, et al. 2021. Global Carbon and other Biogeochemical Cycles and Feedbacks. In Climate Change 2021: The Physical Science Basis. Contribution of Working Group I to the Sixth Assessment Report of the Intergovernmental Panel on Climate Change [Masson-Delmotte V, Zhai P, Pirani A, et al. , (eds.)]. Cambridge: Cambridge University Press.

Cao L, Bala G, Caldeira K, et al. 2010. Importance of carbon dioxide physiological forcing to future climate change. Proceedings of the National Academy of Sciences of the United States of America, 107: 9513-9518.

Cao L, Chen X, Zhang C, et al. 2019. The Global Spatiotemporal Distribution of the Mid-Tropospheric CO_2 Concentration and Analysis of the Controlling Factors. Journal of Remote Sensing, 11: 94.

Chahine M, Barnet C, Olsen E T, et al. 2005. On the Determination of Atmospheric Minor Gases by the Method of Vanishing Partial Derivatives with Application to CO_2. Geophysical Research Letters, 322: 154-164.

Chahine M T, Chen L K, Dimotakis P, et al. 2008. Satellite remote sounding of mid-tropospheric CO_2. Geophysical Research Letters, 35(17): L17807.

Chaplot V. 2007. Water and soil resources response to rising levels of atmospheric CO_2 concentration and to changes in precipitation and air temperature. Journal of Hydrology, 337: 159-171.

Chen F, J Dudhia. 2001. Coupling an Advanced Land Surface-Hydrology Model with the Penn State-NCAR MM5 Modeling System. Part I: Model Implementation and Sensitivity. Monthly Weather Review, 129: 569-585.

Chen J, Kumar P. 2006. Topographic influence on the seasonal and interannual variation of water and energy balance of basins in North America. Journal of Climate, 14: 1989-2012.

Chen L, Zhang Y, Zou M, et al. 2015. Overview of atmospheric CO_2 remote sensing from space. Journal of Remote Sensing, 19: 1-11.

Collins W D , Rasch P J , Boville B A , et al. 2004. Description of the NCAR community atmosphere model (CAM 3. 0). Technical Report. National Center for Atmospheric Research, Boulder, CO, NCAR/TN-464+STR, 226 pp.

Cowling S A, Jones C D, Cox P M. 2009. Greening the terrestrial biosphere: simulated feedbacks on atmospheric heat and energy circulation. Climate Dynamics, 32: 287-299.

Cox P M, Betts R A, Jones C D, et al. 2000. Acceleration of global warming due to carbon-cycle feedbacks in a coupled climate model. Nature, 408: 184-187.

Cox P M. 2006. Description of the "TRIFFID" Dynamic Global Vegetation Model. Exeter: Hadley Centre technical note 24: 1-16.

Cox P, Pearson D, Booth B, et al. 2013. Sensitivity of tropical carbon to climate change constrained by carbon dioxide variability. Nature, 494: 341-344.

Crisp D, Atlas R M, Breon F M, et al. 2010. The orbiting carbon observatory (OCO) mission. Advances in Space Research, 34(4): 700-709.

Curry R B, Peart R M, Jones J W, et al. 1990. Response of crop yield to predicted changes in climate and atmospheric CO_2 using simulation. Transactions of the Asae, 33: 1383-1390.

Dai A. 2013. Increasing drought under global warming in observations and models. Nature Climate Change, 3: 52-58.

Dai A, Luo D, Song M, et al. 2019. Arctic amplification is caused by sea-ice loss under increasing CO_2. Nature Communications, 10: 121.

Dan L, Cao F, Gao R. 2015. The improvement of a regional climate model by coupling a land surface model with eco-physiological processes: A case study in 1998. Climatic Change, 129: 457-470.

Dan L, Ji J J, He Y. 2007. Use of ISLSCP II data to intercompare and validate the terrestrial net primary production in a land surface model coupled to a general circulation model. Journal of Geophysical Research. , 112: D02S90.

Dan L, Ji J J, Xie Z H. 2012. Hydrological projections of climate change scenarios over the 3H region of China: A VIC model assessment. Journal of Geophysical Research, 117(D11): D11102.

Dan L, Ji J J. 2007. The surface energy, water, carbon flux and their intercorrelated seasonality in a global climate-vegetation coupled model. Tellus Series B-chemical and Physical Meteorology, 59: 425-438.

Dan L, Yang X, Yang F, et al. 2020. Integration of nitrogen dynamics into the land surface model AVIM. Part 2: baseline data and variation of carbon and nitrogen fluxes in China. Atmospheric and Oceanic Science Letters, 13(6): 518-526.

Danabasoglu G, Lamarque J F, Bacmeister J, et al. 2020. The Community Earth System Model Version 2 (CESM2). Journal of Advances in Modeling Earth Systems, 12(2): e2019MS001916.

Deng H P, Sun S F. 2012. Incorporation of TOPMODEL into land surface model SSiB and numerically testing the effects of the corporation at basin scale. Science China-Earth Sciences, 55: 1731-1746.

Deryng D, Elliott J, Folberth C, et al. 2016. Regional disparities in the beneficial effects of rising CO_2 concentrations on crop water productivity. Nature Climate Change, 6: 786-790.

Diaz-Nieto J, Wilby R L. 2005. A comparison of statistical downscaling and climate change factor methods: Impacts on low flows in the river Thames, United Kingdom. Climate Change, 69(2-3): 245-268.

Douville H. 2003. Assessing the influence of soil moisture on seasonal climate variability with AGCMs. Journal of Hydrometeorology, 4(6): 1044-1066.

Dunn S M, Mackay R. 1995. Spatial variation in evapotranspiration and the influence of land use on catchment hydrology. Journal of Hydrology, 171(1-2): 49-73.

Elizabeth A A, Stephen P L. 2004. What have we learned from 15 years of free-air CO_2 enrichment (FACE)? A meta-analytic review of the responses of photosynthesis, canopy properties and plant production to rising CO_2. New Phytologist. 165(2): 351-372.

Etminan M, Myhre G, Highwood E J, et al. 2016. Radiative forcing of carbon dioxide, methane, and nitrous oxide: A significant revision of the methane radiative forcing. Geophysical Research Letters, 43(12): 612-614, 623.

Falahatkar S, Mousavi S M, Farajzadeh M. 2017. Spatial and temporal distribution of carbon dioxide gas using GOSAT data over IRAN. Environmental Monitoring and Assessment, 189: 627.

Fan S, Gloor M, Mahlman S, et al. 1998. A large terrestrial carbon dioxide data and models. Science, 282 (5388): 442-446.

Fernández-Martínez M, Sardans J, Chevallier F, et al. 2019. Global trends in carbon sinks and their relationships with CO_2 and temperature. Nature Climate Change, 9(1): 73-79.

Friedlingstein P. 2015. Carbon cycle feedbacks and future climate change. Philosophical Transactions of the Royal Society A-mathematical Physical and Engineering Sciences, 373: 20140421.

Friedlingstein P, Cox P, Betts R, et al. 2006. Climate-Carbon Cycle Feedback Analysis: Results from the C4MIP Model Intercomparison. Journal of Climate, 19(14): 3337-3353.

Friedlingstein P, Meinshausen M, Arora V K, et al. 2013. Uncertainties in CMIP5 Climate Projections due to Carbon Cycle Feedbacks. Journal of Climate, 27: 511-526.

Friedlingstein P, O'Sullivan M, Jones M W, et al. 2020. Global Carbon Budget 2020. Earth System Science Data, 12(4): 3269-3340.

Gan R, Zhang Y Q, Shi H, et al. 2018. Use of satellite leaf area index estimating evapotranspiration and gross assimilation for Australian ecosystems. Ecohydrology, 11: e1974.

Gatti L V, Basso L S, Miller J B, et al. 2021. Amazonia as a carbon source linked to deforestation and climate change. Nature, 595(7867): 388-393.

Gedney N, Cox P M. 2003. The sensitivity of globle climate model simulations to the representation of soil moisture heterogeneity. Journal of Hydrometeorology, 4(6): 1265-1275.

Gerten D, Sibyll S, Uwe H, et al. 2004. Terrestrial vegetation and water balance-hydrological evaluation of a dynamic global vegetation model. Journal of Hydrology, 286(1-4): 249-270.

Govindasamy B, Caldeira K. 2000. Geoengineering Earth's radiation balance to mitigate CO_2-induced climate change. Geophysical Research Letters, 27: 2141-2144.

Griffies S M, Biastoch A, Claus Böning, et al. 2009. Coordinated Ocean-Ice Reference Experiments (COREs). Ocean Modelling, 26: 1-46.

He H, Wang S, Zhang L, et al. 2019. Altered trends in carbon uptake in China's terrestrial ecosystems under the enhanced summer monsoon and warming hiatus. National Science Review, 6(3): 505-514.

Horowitz L W. 2003. A global simulation of tropospheric ozone and related tracers: Description and evaluation of MOZART, version 2. Journal of Geophysical Research, 108: 4784.

Hourdin F, Rio C, Grandpeix J Y, et al. 2020. LMDZ6A: The Atmospheric Component of the IPSL Climate Model With Improved and Better Tuned Physics. Journal of Advances in Modeling Earth Systems, 12(7): e2019MS001892.

Hu Jia, Moore D J P, Burns S P, et al. 2010. Longer growing seasons lead to less carbon sequestration by a subalpine forest. Global Change Biology, 16(2): 771-783.

Huang Y, Xia Y, Tan X. 2017. On the pattern of CO_2 radiative forcing and poleward energy transport. Journal of Geophysical Research: Atmospheres, 122(10): 578-590, 593.

Hurrell J W, Holland M M, Gent P R, et al. 2013. The Community Earth System Model: A Framework for Collaborative Research. Bulletin of the American Meteorological Society, 94(9): 1339-1360.

Iacono M J, Delamere J S, Mlawer E J, et al. 2008. Radiative forcing by long-lived greenhouse gases: Calculations with the AER radiative transfer models. Journal of Geophysical Research, 113: 1-8.

International Energy Agency (IEA). 2015. World Energy Outlook Special Report, Energy and Climate Change. Paris: OECD/IEA.

IPCC. 2013. Climate Change 2013: The Physical Science Basis. Contribution of Working Group I to the Fifth Assessment Report of the Intergovernmental Panel on Climate Change [Stocker, T. F. , D. Qin, G. -K. Plattner, M. Tignor, S. K. Allen, J. Boschung, A. Nauels, Y. Xia, V. Bex and P. M. Midgley (eds.)]. Cambridge: Cambridge University Press, 1535 pp.

IPCC. 2014. Climate Change 2014: Synthesis Report. Contribution of Working Groups I, II and III to the Fifth Assessment Report of the Intergovernmental Panel on Climate Change. IPCC, Geneva, Switzerland, 151 pp.

IPCC. 2021. Summary for Policymakers. In: Climate Change 2021: The Physical Science Basis. Contribution of Working Group I to the Sixth Assessment Report of the Intergovernmental Panel on Climate Change [Masson-Delmotte, V. , P. Zhai, A. Pirani, S. L. Connors, C. Péan, S. Berger, N. Caud, Y. Chen, L. Goldfarb, M. I. Gomis, M. Huang, K. Leitzell, E. Lonnoy, J. B. R. Matthews, T. K. Maycock, T. Waterfield, O. Yelekçi, R. Yu and B. Zhou (eds.)]. Cambridge: Cambridge University Press.

Ji D Y, Wang L N, Feng J M, et al. 2014. Description and basic evaluation of Beijing Normal University Earth System Model (BNU-ESM) version 1. Geoscientific Model Development, 7: 2039-2064.

Kharin V V, Zwiers F W, Zhang X, et al. 2013. Changes in temperature and precipitation extremes in the CMIP5 ensemble. Climatic Change, 119(2): 345-357.

Knutti R, Rugenstein M A, Hegerl G C. 2017. Beyond equilibrium climate sensitivity. Nature Geoscience, 10: 727.

Koster R D, Suarez M J , Ducharne A. 2000. A catchment-based approach to modeling land surface processes in a general circulation model, I. Model structure. Journal of Geophysical Research, 105(D20): 809-822.

Kravitz B, Caldeira K, Boucher O, et al. 2013. Climate model response from the Geoengineering Model Intercomparison Project (GeoMIP). Journal of Geophysical Research: Atmospheres, 118: 1-13.

Lamarque J F, Bond T C, Eyring C, et al. 2010. Historical (1850-2000) gridded anthropogenic and biomass burning emissions of reactive gases and aerosols: methodology and application. Atmospheric Chemistry and Physics, 10(15): 7017-7039.

Le Quéré C, Andres R J, Boden T, et al. 2013. The global carbon budget 1959-2011. Earth System Science Data, 5(1): 165-185.

Le Quéré C, Raupach M, Canadell J, et al. 2009. Trends in the sources and sinks of carbon dioxide, Nature Geoscience, 2: 831-836.

Liu Y, Xue Y K, MacDonald G, et al. 2019. Global vegetation variability and its response to elevated CO_2, global warming, and climate variability – a study using the offline SSiB4/TRIFFID model and satellite data. Earth System Dynamics, 10: 9-29.

Lobell D B, Burke M B. 2010. On the use of statistical models to predict crop yield responses to climate change. Agric For Meteorol, 150: 1443-1452.

Luthi D, LeF M, Bereiter B. 2008. High-resolution carbon dioxide concentration record 650, 000-800, 000 years before present. Nature, 453: 379-382.

Meier W N, Hovelsrud G K, Van Oort B E H, et al. 2014. Arctic sea ice in transformation: A review of recent observed changes and impacts on biology and human activity. Reviews of Geophysics, 52: 185-217.

Meinshausen M, Meinshausen N, Hare W, et al. 2009. Greenhouse-gas emission targets for limiting global warming to 2 degrees C. Nature, 458: 1158-1196.

Meinshausen M, Vogel E, Nauels A, et al. 2017. Historical greenhouse gas concentrations for climate modelling (CMIP6). Geoscientific Model Development, 10(5): 2057-2116.

Minville M F. 2008. Uncertainty of the impact of climate change on the hydrology of a Nordic watershed, Journal of Hydrology, 358(1-2): 70-83.

Myhre G, Shindell D, Bréon F M, et al. 2013. Anthropogenic and Natural Radiative Forcing. In: Climate Change 2013: The Physical Science Basis. Contribution of Working Group I to the Fifth AssessmentReport of the Intergovernmental Panel on Climate Change. Cambridge: Cambridge University Press.

Nassar R, Napier-Linton L, Gurney K R, et al. 2013. Improving the temporal and spatial distribution of CO_2 emissions from global fossil fuel emission data sets. Journal of Geophysical Research: Atmospheres, 118: 917-933.

Navarro A, Moreno R, Tapiador F J. 2018. Improving the representation of anthropogenic CO_2 emissions in climate models: impact of a new parameterization for the Community Earth System Model (CESM). Earth System Dynamics, 9: 1045-1062.

Niu G Y, Yang Z L. 2005. Simple TOPMODE-based runoff parameterization (SIMTOP) for use in global climate models, Journal of Geophysical Research, 110(D21): D21106.

Oda T, Maksyutov S, Andres R J. 2018. The Open-source Data Inventory for Anthropogenic CO_2, version 2016 (ODIAC2016): a global monthly fossil fuel CO_2 gridded emissions data product for tracer transport simulations and surface flux inversions. Earth System Science Data, 10(1): 87-107.

O'Dell C W, Connor B, Bsch H, et al. 2012. The ACOS CO_2 retrieval algorithm – Part 1: Description and validation against synthetic observations. Atmospheric Measurement Techniques, 4: 99-121.

Pachauri R K, Allen M R, Barros V R, et al. 2014. Climate Change 2014: Synthesis Report, Contribution of Working Groups I, II and III to the Fifth Assessment Report of the Intergovernmental Panel on Climate

Change (IPCC). Cambridge: Cambridge University Press.

Peng J, Dan L, Dong W. 2014a. Are there interactive effects of physiological and radiative forcing produced by increased CO_2 concentration on changes of land hydrological cycle? Global and Planetary Change, 112: 64-78.

Peng J, Dan L, Huang M. 2014b. Sensitivity of Global and Regional Terrestrial Carbon Storage to the Direct CO_2 Effect and Climate Change Based on the CMIP5 Model Intercomparison. PloS one, 9: e95282.

Peng J, Dan L. 2014. The Response of the Terrestrial Carbon Cycle Simulated by FGOALS-AVIM to Rising CO_2. Flexible Global Ocean-Atmosphere-Land System Model, Springer, 393-403.

Peng J, Dan L. 2015. Impacts of CO_2 concentration and climate change on the terrestrial carbon flux using six global climate-carbon coupled models. Ecological Modelling, 304: 69-83.

Peng J, Wang Y P, Houlton B Z, et al. 2020. Global Carbon Sequestration Is Highly Sensitive to Model-Based Formulations of Nitrogen Fixation. Global Biogeochemical Cycles, 34: e2019GB006296.

Phillips O L, Aragão Luiz E O C , Lewis Simon L, et al. 2009. Drought Sensitivity of the Amazon Rainforest, Science, 323(5919): 1344-1347.

Piao S L, Sitch B, Ciais P, et al. 2013. Evaluation of terrestrial carbon cycle models for their response to climate variability and to CO_2 trends. Global Change Biology, 19: 2117-2132.

Piao S, Ciais P, Friedlingstein P, et al. 2009. Spatiotemporal patterns of terrestrial carbon cycle during the 20th century. Global Biogeochemical Cycles, 23: GB4026.

Piao S, Wang X, Park T, et al. 2020. Characteristics, drivers and feedbacks of global greening. Nature Reviews Earth & Environment , 1: 14-27 .

Pruess K. 2004. Numerical simulation of CO_2 leakage from a geologic disposal reservoir, including transitions from super- to subcritical conditions, and boiling of liquid of CO_2. Spe Journal, 9: 237-248.

Pruess K, Garcia J, Kovscek T, et al. 2004. Code intercomparison builds confidence in numerical simulation models for geologic disposal of CO_2. Energy, 29: 1431-1444.

Puscasiu A, Folea S, Valean H, et al. 2017. Monitoring the on-site contribution to the greenhouse effect by distributed measurement of carbon dioxide 2017. 18th international Carpathian control conference (Iccc): 40-45.

Qian T, Dai A, Trenberth K E , et al. 2006. Simulation of Global Land Surface Conditions from 1948 to 2004. Part I: Forcing Data and Evaluations. Journal of Hydrometeorology, 7(5): 953-975.

Ramaswamy V, Collins W, Haywood J. 2019. Radiative Forcing of Climate: The Historical Evolution of the Radiative Forcing Concept, the Forcing Agents and their Quantification, and Applications. AMS Meteorological Monographs, 59(14): 11-101.

Roderick M L, Greve P, Farquhar G D. 2015. On the assessment of aridity with changes in atmospheric CO_2. Water Resource Research, 51: 5450-5463.

Rogelj J, Schaeffer M, Friedlingstein P, et al. 2016. Differences between carbon budget estimates unravelled. Nature Climate Change, 6: 245-252.

Salam M A, Noguchi T. 2005. Impact of human activities on carbon dioxide (CO_2) emissions: a statistical analysis. Environmentalist, 25: 19-30.

Schaefer K, Zhang T, Bruhwiler L, et al. 2011. Amount and timing of permafrost carbon release in response to climate warming. Tellus Series B-chemical And Physical Meteorology, 63: 165-180.

Schimel D, Stephens B B, Fisher J B. 2015. Effect of increasing CO_2 on the terrestrial carbon cycle. Proceedings of the National Academy of Sciences of the United States of America, 112: 436-441.

Séférian R, Delire C, Decharme B, et al. 2016. Development and evaluation of CNRM Earth system model – CNRM-ESM1. Geoscientific Model Development. , 9(4): 1423-1453.

Sellar A A, Jones C G, Mulcahy J P, et al. 2019. UKESM1: Description and Evaluation of the U. K. Earth System Model. Journal of Advances in Modeling Earth Systems, 11(12): 4513-4558.

Sellers P J, Dickinson R E, Randall D A. 1997. Modeling the Exchanges of Energy, Water, and Carbon between Continents and the Atmosphere. Science, 275(5299): 502-509.

Sellers P J, Mintz Y, SuD Y C. 1986. A Simple Biosphere Model (SiB) for Use within General Circulation Models. Journal of the Atmospheric Science, 43(6): 505-536.

Sellers P J, Randall D A, Collatz G J. 1996. A Revised Land Surface Parameterization (SiB2) for Atmospheric GCMs. Journal of Climate, 9(4): 676-705.

Sheffield J, Goteti G, Wood E F. 2006. Development of a 50-yr high-resolution global dataset of meteorological forcings for land surface modeling. J. Climate, 19 (13): 3088-3116.

Shi G, Dai T, Na XU. 2010. Latest progress of the study of atmospheric CO_2 concentration retrievals from satellite. Advance in Earth Science, 25: 7-13.

Sivapalan M, Beven K J, Wood E F. 1987. On hydrologic similarity, A scaled method of storm runoff production. Water Resource Research, 23(12): 2266-2278.

Smith S M, Lowe J A, Bowerman N H A, et al. 2012. Equivalence of greenhouse-gas emissions for peak temperature limits. Nature Climate Ohange, 2: 535-538.

Stieglitz M, Rind D, Famiglieth J. 1996. An efficient approach to modeling the topographic control of surface hydrology for regional and global climate modeling. Journal of Climate, 10(1): 118-137.

Stuecker M F, Bitz C M, Armour K C, et al. 2018. Polar amplification dominated by local forcing and feedbacks. Nature Climate Change, 8: 1076-1081.

Sun N, Zhou T, Chen X, et al. 2020. Amplified tropical Pacific rainfall variability related to background SST warming. Climate Dynamics, 54: 2387-2402.

Swann A L S, Hoffman F M, Koven C D, et al. 2016. Plant responses to increasing CO_2 reduce estimates of climate impacts on drought severity. Proceedings of the National Academy of Sciences of the United States of America, 113: 10019-10024.

Taylor K, Ronald S, Meehl G. 2011. An overview of CMIP5 and the Experiment Design. Bulletin of the American Meteorological Society, 93: 485-498.

Thornton P, Zimmermann N. 2007. An Improved Canopy Integration Scheme for a Land Surface Model with Prognostic Canopy Structure. Journal of Climate, 20: 3902-3923.

Tian J, Zhang Y Q. 2020. Detecting changes in irrigation water requirement in Central Asia under CO_2 fertilization and land use changes. Journal of Hydrology, 583: 124315.

Tiwari Y K, Gloor M, Engelen R J, et al. 2006. Comparing CO_2 retrieved from Atmospheric Infrared Sounder with model predictions: Implications for constraining surface fluxes and lower-to-upper troposphere transport. Journal of Geophysical Research , 111: D17106.

Törnqvist R, Jarsjö J, Pietroń J, et al. 2014. Evolution of the hydro-climate system in the Lake Baikal basin. Journal of Hydrology, 519: 1953-1962.

Wang J, Bao Q, Zeng N, et al. 2013. Earth System Model FGOALS-s2: Coupling a dynamic global vegetation and terrestrial carbon model with the physical climate system model. Advances in Atmospheric Sciences, 30: 1549-1559.

Wang J, Feng L, Palmer P I, et al. 2020. Large Chinese land carbon sink estimated from atmospheric carbon dioxide data. Nature, 586: 720-723. https: //doi.org/10.1038/s41586-020-2849-9.

Wang T, Shi J, Jing Y. 2012. Evaluation and intercomparison of the atmospheric CO_2 retrievals from measurements of AIRS, IASI, SCIAMACHY and GOSAT. Journal of Geophysical Research, 3(3): 1325-1328.

Wang Y P, Kowalczyk E, Leuning R, et al. 2011. Diagnosing errors in a land surface model (CABLE) in the time and frequency domains. Journal of Geophysical Research: Biogeosciences, 116: G01034.

Wang Y P, Law R M , Pak B. 2010. A global model of carbon, nitrogen and phosphorus cycles for the terrestrial biosphere. Biogeosciences, 7(7): 2261-2282.

Wang Y, Feng J, Dan L, et al. 2019. The impact of uniform and nonuniform CO_2 concentrations on global climate change. Theoretical and Applied Climatology, 139: 45-55.

Warrach K, Stieglitz M, Mengelkamp H T. 2002. Advantages of a topographically controlled runoff simulation in a soil-vegetation-atmosphere transfer model. Journal of Hydrometeorology, 3: 131-148.

Wieder W, Cleveland C, Smith W, et al. 2015. Future productivity and carbon storage limited by terrestrial nutrient availability. Nature Geoscience, 8: 441-444.

Williams R G, Roussenov V, Goodwin P, et al. 2017. Sensitivity of global warming to carbon emissions: Effects of heat and carbon uptake in a suite of Earth system models. Journal of Climate, 30(23): 9343-9363.

WMO Greenhouse Gas Bulletin. 2021. World Meteteorological Organization, (17): 1-10.

World Meteorological Organization. 2007. The State of Greenhouse Gases in the Atmosphere Using Global Observations through 2006. World Meteorological Organization, Greenhouse Gas Bulletin.

Wu T, Lu Y, Fang Y, et al. 2019. The Beijing Climate Center Climate System Model (BCC-CSM): the main progress from CMIP5 to CMIP6. Geoscientific Model Development, 12(4): 1573-1600.

Xie X, Huang X, Wang T, et al. 2018. Simulation of Non-Homogeneous CO_2 and Its Impact on Regional Temperature in East Asia. Journal of Meteorological Research, 32: 456-468.

Xu T F, Apps J A, Pruess K. 2004. Numerical simulation of CO_2 disposal by mineral trapping in deep aquifers. Applied Geochemistry, 19: 917-936.

Xue Y K, Deng H P, Cox P M. 2006. Testing a coupled biophysical/dynamic vegetation model (SSiB-4/TRIFFID) in different climate zones using satellite-derived and ground-measured data, 86th AMS Annual Meeting. 18th Conference on Climate Variability and Change.

Xue Y K, Sellers P J, Kinter J L, et al. 1991. A Simplified Biosphere Model for Global Climate Studies.

Journal of Climate, 4: 345-364.

Yang D, Liu Y, Feng L, et al. 2021. The First Global Carbon Dioxide Flux Map Derived from TanSat Measurements. Advances in Atmospheric Sciences, 38: 1433-1443.

Yang Yuting, Michael L. Roderick, Shulei Zhang, et al. 2019. Hydrologic implications of vegetation response to elevated CO_2 in climate projections. Nature Climate Change, 9: 44-48.

Ying N, Zhou D, Han Z G, et al. 2020. Rossby Waves Detection in the CO_2 and Temperature Multilayer Climate Network. Geophysical Research Letters, 47: e2019GL086507.

Yuan W, Zheng Y, Piao S, et al. 2019. Increased atmospheric vapor pressure deficit reduces global vegetation growth. Science Advances, 5(8): eaax1396.

Zeng X, Geil K. 2016. Global warming projection in the 21st century based on an observational data-driven model. Geophysical Research Letters, 43(20): 10, 947-950, 954.

Zeng Z C, Lei L P, Guo L J, et al. 2013. Incorporating temporal variability to improve geostatistical analysis of satellite-observed CO_2 in China. Chinese. Science. Bulletin, 58: 1948-1954.

Zhan X W, Xue Y K, Collatz G J. 2003. An analytical approach for estimating CO_2 and heat fluxes over the Amazonian region. Ecological Modeling, 162(1-2): 97-117.

Zhang H, Pak B, Wang Y P, et al. 2013. Evaluating Surface Water Cycle Simulated by the Australian Community Land Surface Model (CABLE) across Different Spatial and Temporal Domains. Journal of Hydrometeorology, 14(4): 1119-1138.

Zhang M F, Liu N, Harper R, et al. 2017. A global review on hydrological responses to forest change across multiple spatial scales: Importance of scale, climate, forest type and hydrological regime. Journal of Hydrology, 546: 44-59.

Zhang M F, Wei X H, Sun P S, et al. 2012. The effect of forest harvesting and climatic variability on runoff in a large watershed: The case study in the Upper Minjiang River of Yangtze River basin. Journal of Hydrology, 464-465: 1-16.

Zhang X, Li X, Chen D, et al. 2019a. Overestimated climate warming and climate variability due to spatially homogeneous CO_2 in climate modeling over the Northern Hemisphere since the mid-19th century. Science Report, 9: 1-9.

Zhang X, Rayner P J, Wang Y P, et al. 2016. Linear and nonlinear effects of dominant drivers on the trends in global and regional land carbon uptake: 1959 to 2013. Geophysical Research Letters, 43: 1607-1614.

Zhang Y Q, Kong D D, Gan R, et al. 2019b. Coupled estimation of 500 m and 8-day resolution global evapotranspiration and gross primary production in 2002-2017. Remote Sensing of Environment, 222: 165-182.

Zhang Z Q, Xue Y K, MacDonald G, et al. 2015. Investigation of North American vegetation variability under recent climate: A study using the SSiB4/TRIFFID biophysical/dynamic vegetation model. Journal of Geophysical Research-Atmospheres, 120: 1300-1321.

Zhao F, Zeng N. 2014. Continued increase in atmospheric CO_2 seasonal amplitude in the 21st century projected by the CMIP5 Earth system models. Earth System Dynamics, 5: 423-439.

Zhao M, Heinsch F A, Nemani R R, et al. 2005. Improvements of the MODIS terrestrial gross and net primary production global data set. Remote Sensing of Environment, 95: 164-176.

Zhong W Y, Haigh J D. 2013. The greenhouse effect and carbon dioxide. Weather, 68: 100-105.

Zhou T, Song F, Chen X. 2013. Historical evolution of global and regional surface air temperature simulated by FGOALS-s2 and FGOALS-g2: How reliable are the model results? Advances in Atmospheric Sciences, 30: 638-657.

Ziehn T, Chamberlain M A, Law R M, et al. 2020. The Australian Earth System Model: ACCESS-ESM1. 5. Journal of Southern Hemisphere Earth Systems Science, 70(1): 193-214.

Zimov S A, Davidov S P, Voropaev Y V, et al. 1996. Siberian CO_2 efflux in winter as a CO_2 source and cause of seasonality in atmospheric CO_2. Climatic Change , 33: 111-120.